U0209160

本书编委会

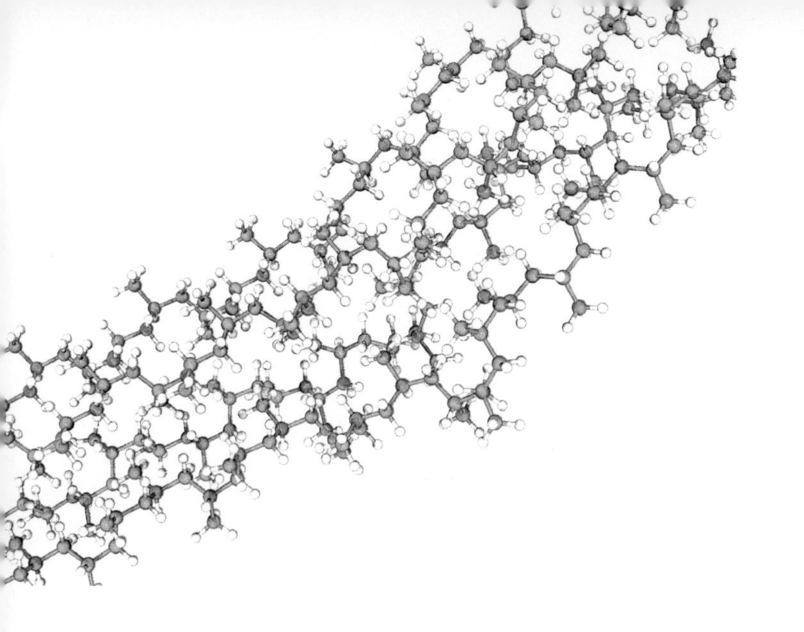

多类型树脂
加工及检测方法

金川集团化工有限责任公司　编
苏　峰　主编

图书在版编目（CIP）数据

多类型树脂加工及检测方法 / 金川集团化工有限责任公司编 ； 苏峰主编. -- 兰州 : 兰州大学出版社, 2023.8
ISBN 978-7-311-06529-4

Ⅰ. ①多… Ⅱ. ①金… ②苏… Ⅲ. ①树脂整理②树脂一检测 Ⅳ. ①TS195.5

中国国家版本馆CIP数据核字(2023)第146125号

责任编辑 包秀娟
封面设计 雷们起

书　　名	多类型树脂加工及检测方法
作　　者	金川集团化工有限责任公司 编 苏 峰 主编
出版发行	兰州大学出版社 （地址:兰州市天水南路222号 730000）
电　　话	0931-8912613(总编办公室) 0931-8617156(营销中心)
网　　址	http://press.lzu.edu.cn
电子信箱	press@lzu.edu.cn
印　　刷	西安日报社印务中心
开　　本	710 mm×1020 mm 1/16
印　　张	11.75(插页2)
字　　数	188千
版　　次	2023年8月第1版
印　　次	2023年8月第1次印刷
书　　号	ISBN 978-7-311-06529-4
定　　价	32.00元

前　言

随着中国经济的高速发展，我国塑料工业的技术水平和生产工艺得到了很大程度的提高，塑料挤出成型技术及设备也得到了较快发展。挤出成型塑料板材、管材、型材、薄膜、电线电缆等制品已经广泛应用于建筑、交通、汽车、电子电气、包装等国民经济的各个领域。为了帮助广大塑料挤出工程技术人员和生产操作人员快速熟悉挤出设备的相关理论知识，熟练掌握挤出成型设备的操作与维护技术，进一步提升塑料制品的质量，促进塑料加工行业更好、更快发展，作者编写了这本《多类型树脂加工及检测方法》。

本书的编写以塑料挤出生产线为主线，分别对吹塑薄膜、挤出管材、注塑管件和制品检测等生产线的正常操作、维护保养进行了详细介绍，并对上述生产线中出现的疑难问题及故障处理进行了分析，提出了相应的解决措施。在书中，作者根据多年的工作实践及科研经验，以实际生产中的具体案例为素材，采用问答的形式，详细解答挤出成型设备操作与维护中出现的大量疑问与难题。本书立足生产实际，可操作性强，内容侧重实用技术及操作技能的讲解，力求深浅适度、通俗易懂，可供塑料加工、生产企业一线技术人员及相关人员学习参考，也可作为企业培训教材。

本书全部编写完成后，由编委会校核审定后定稿。由于作者水平有限，书中难免有不妥之处，恳请同行专家及广大读者批评指正。

编者

2023年5月

第 1 章　概述 / 001

1.1　生物可降解塑料 / 003

1.2　聚氯乙烯 / 022

1.3　氯化聚氯乙烯 / 027

第 2 章　生物可降解塑料膜袋制品加工工艺与技术问题解答 / 040

2.1　混料工艺控制要点 / 040

2.2　造粒工艺控制要点 / 046

2.3　吹膜工艺控制要点 / 054

2.4　制袋工艺控制要点 / 071

第 3 章　PVC 缠绕膜加工工艺与技术问题解答 / 083

3.1　炒料工艺控制要点 / 084

3.2　吹膜工艺控制要点 / 088

3.3　分切收卷工艺控制要点 / 093

第4章 CPVC管材加工工艺与技术问题解答 / 097

4.1 管材挤出工艺控制 / 098

4.2 管件注塑工艺控制 / 116

第5章 试样分析检测设备与控制要点 / 138

5.1 塑料膜袋制品常见检测项目及问题解答 / 140

5.2 塑料管材制品常见检测项目及问题解答 / 152

参考文献 / 178

第1章

概述

塑料一词来源于希腊单词“plastikos”，指可以被塑造成不同形状的材料。塑料是从不同的碳氢化合物和石油衍生物中得到的高分子量的有机聚合物，其在加热后有软化或熔融范围，因此可以浇铸到模具中形成多种塑料制品。一般来说，除了生物可降解的生物塑料外，大部分塑料都来自石油化工产品。塑料主要由碳、氢、氧及其他有机或无机元素构成。目前，聚乙烯（PE）塑料是第一大塑料品种，占塑料总量的64%，其化学通式为（C_2H_4）$_n$。塑料是许多工业的支柱，用于制造生产和生活中使用的各种产品，如国防材料、卫生用品、瓷砖、塑料瓶、人造皮革和其他不同的家庭用品，也用于食品、药品、洗涤剂和化妆品的包装。塑料因其坚固、耐用、质轻等独特的性能超越了其他材料的发展速度，成为全球工业中发展较为迅速的领域之一。根据欧洲塑料制造商协会的统计数据，2015—2020年，全球塑料产量和消费量以每年平均2%的速度稳定增长，产量从2015年的32000万t增长到2020年的36700万t，人均消费量从2015年的43.63 kg增长到2020年的46.60 kg。预计到2035年，塑料产量将增加一倍，到2050年将增加两倍，全球人均塑料年消费量将达到84.37 kg。中国是全球塑料制品的生产大国，产销量都位居世界首位，2020年塑料制品产量约为7603万t，占世界塑料制品总产量的20%。

树脂通常是指受热后有软化或熔融温度范围的有机聚合物，它软化时在外力作用下有流动倾向，常温下呈固态、半固态，有时也呈液态。从广义上讲，作为塑料制品加工原料的任何高分子化合物都可称为树脂。树脂的相对分子量不确定，但通常较高。树脂一般不溶于水，能溶于有机溶剂。

按合成反应的不同，可将树脂分为加聚物和缩聚物。加聚物是指由加成聚合反应制得的聚合物，其链节结构的化学式与单体的分子式相同，如PE、聚苯乙烯（PS）、聚四氟乙烯等。缩聚物是指由缩合聚合反应制得的聚合物，其结构单元的化学式与单体的分子式不同，如酚醛树脂、聚酯树脂、聚酰胺树脂等。

按分子主链组成元素的不同，可将树脂分为碳链聚合物、杂链聚合物和元素有机聚合物。碳链聚合物是指主链全部由碳原子构成的聚合物，如PE、PS等。杂链聚合物是指主链由碳、氧、氮、硫等多种元素的原子构成的聚合物，如聚甲醛、聚酰胺、聚砜、聚醚等。元素有机聚合物是指主链上不一定含有碳原子，主要由硅、氧、铝、钛、硼、硫、磷等元素的原子构成的聚合物，如有机硅。

按性质的不同，可将树脂分为热固性树脂和热塑性树脂。热固性树脂是指在加热、加压或在固化剂、紫外光作用下进行化学反应，交联固化成为不溶不熔物质的一大类合成树脂，如不饱和聚酯、乙烯基酯、环氧、酚醛、双马来酰亚胺、聚酰亚胺树脂等。热塑性树脂是指具有线性或支链型结构的一类有机高分子化合物，其具有受热软化、冷却硬化的性能，而且不发生化学反应。热塑性树脂具有加工成型简便、抗冲击性能好等优点，包括聚丙烯（PP）、聚碳酸酯（PC）、尼龙（NYLON）、聚醚醚酮（PEEK）、聚醚砜（PES）等。

按照来源的不同，树脂可分为天然树脂和合成树脂。天然树脂是指由自然界中动植物分泌物所得的无定形有机物，如松香、琥珀、虫胶等。合成树脂是指简单有机物经化学合成或某些天然产物经化学反应而得到的树脂产物，如酚醛树脂、聚氯乙烯（PVC）树脂等，其中合成树脂是塑料的主要成分。

合成树脂是由人工合成的一类高分子聚合物，其最重要的应用是制造塑料。为便于加工和改善性能，常添加部分助剂至合成树脂中，有时也直接将合成树脂加工成型，故合成树脂常是塑料的同义词。合成树脂种类繁多，其中PE、PP、PVC、PS和丙烯腈-丁二烯-苯乙烯共聚物（ABS）树脂为五大通用树脂，是应用最为广泛的合成树脂材料。它们所具有的许多性能，如轻质、加工温度低（与金属和玻璃相比）、不同的阻透性能、优异的印刷性能与热封性能等，都使其非常适合于包装等领域的应用。另外，易于加工成各种不同形式的制品，使得该类材料的应用变得更为普遍。

1.1 生物可降解塑料

1.1.1 塑料的污染现状

塑料的发明，给人类的生产生活带来了极大便利。与此同时，塑料的污染问题也不容忽视。塑料从材料本身来讲并不能与污染物画等号，塑料污染的本质是塑料废弃物不当管理造成的环境泄漏。塑料一旦泄漏到土壤、水体等自然环境中，便难以降解，会造成视觉污染、土壤污染、水体污染等各种环境破坏。若对塑料的处置方式不当，还会影响温室气体的排放，给生态环境带来持久性的危害。

塑料根据其化学性质分为可降解塑料和不可降解塑料。可降解塑料是指其制品的各项性能可满足使用要求，在保存期内性能不变，且使用后在自然环境条件下能降解成对环境无害的物质的一类塑料。该类塑料一般可在一年内分解，因此，也被称为可环境降解塑料，主要包括生物可降解塑料、光降解塑料、光氧化/生物全面降解塑料、二氧化碳基生物可降解塑料、热塑性淀粉树脂降解塑料。不可降解塑料通常被称为合成塑料，是石油化工产品，如PE塑料，其结构稳定，不易被天然微生物降解，在自然环境中长期不分离，需要200～700年才能被降解。

在塑料降解过程中，产生的小于5 mm的塑料颗粒被称为微塑料。微塑料是一种复杂的高分子污染物，其在环境和消费品中无处不在的特性导致生物和人类不可避免地接触到这些颗粒。微塑料很难降解，可能会对生物体造成物理性的损伤。此外，微塑料化学成分众多，在塑料制造过程中使用的染料和增塑剂等添加剂，以及从周围环境吸收的污染物会随着微塑料释放出来进入环境，其中不乏有毒性更大的持久性有机污染物等化学物质，都会对机体造成不同程度的损害。另外，比表面积比较大的微塑料具有疏水的特性，可从环境中吸附和浓缩有机污染物、重金属和病原微生物等，从而会对生物的健康造成进一步的威胁。

2021年，联合国环境规划署发布的报告指出，1950—2017年，全球累计生产约920000万t塑料，其中约700000万t成为塑料废弃物，塑料的回收率不到10%，大量塑料废物进入土壤和海洋造成环境污染，对气候变化和人体健康都存在较大的影响。塑料污染已成为仅次于气候变化的全球第二大焦点环境问题。在可预见的未来，塑料仍将长期使用与存在，探索塑料使用和生态环境相协调的可持续发展道路是应对塑料污染的重要途径。为了减少塑料污染，在实际生活中人们常采用填埋、焚烧或回收利用等方式对废旧塑料进行处理。

废旧塑料填埋法是目前世界各国大量采用的废旧塑料的处理方法，该方法主要利用丘陵凹地或自然凹陷坑池建设填埋场，对废塑料进行卫生填埋。大部分填埋场建在远离城市的地方，通过将废旧塑料掩埋在泥土里，让其自行腐烂后与泥土融合在一起。该方法具有建设投资少、运行费用低等特点，但在采用该方法时，要求塑料垃圾中不能含有重金属（如废弃的电池和温度计），因为重金属污染物一旦被掩埋，大量的金属元素会析出，可通过雨水浸入到地下水中，然后被农作物等植物吸收，人体进食了这些受污染的农作物后，便会出现重金属中毒。此外，由于塑料废弃物密度小、体积大，填埋所需占用空间面积较大，增加了土地资源的负担。

焚烧回收热能是废旧塑料处理的主要方法，该方法具有处理数量大、成本低、效率高等优点。焚烧处理对废旧塑料进行了有效的利用，可变废为宝。然而，未燃烧的物质仍以焚烧炉固体残渣的形式存在于底部灰中，这种底灰，每焚烧1 t塑料便可产生360～102000个塑料微粒。随着塑料品种、焚烧条件的变化，废旧塑料在焚烧过程中会产生多环芳香烃化合物、一氧化碳等有害物质，例如PVC树脂焚烧会产生氯化氢，聚丙烯腈焚烧会产生氰化氢等，这些物质会对环境造成污染。有些废旧塑料还含有镉、铅等重金属化合物，在焚烧过程中，这些重金属化合物会随烟尘、焚烧残渣一起排放，同样会污染环境。

目前全球范围内都在践行塑料的绿色发展理念，全世界大多数国家共同的目标是解决废旧塑料制品带来的环境污染问题。我国在2021年9月发布的《“十四五”塑料污染治理行动方案》明确指出，塑料循环经济是实现“碳达峰”“碳中和”的重要途径，加强废旧塑料回收利用已成为塑料污染治理的主要趋势。根据处理种类的不同，可以将废旧塑料回收处理工艺分成单品类塑料聚合物处理技术和多品类塑料聚合物综合利用技术两种。单品类塑料聚合物处理技术是根据不同种类的塑料，如PE、PVC等的特点制定不同的加工处理工艺，对塑料进行分类别单独回收利用的一种处理技术，包括简单再生技术、物理改性技术等；多品类塑胶聚合物综合利用技术是针对成分复杂的废旧塑料进行综合处理，以实现综合效益最大化的一种处理技术，包括热能燃烧利用技术、化学改性和裂解技术。但由于回收废旧塑料耗费人工，回收成本高，且缺乏相应的回收渠道，目前世界上回收再用塑料仅占全部塑料消费量的15%左右。

基于上述原因，迫切需要开发绿色聚合物材料，要求该绿色聚合物材料的制备过程不使用有毒、有害物质，而且该绿色聚合物材料使用后能够在自然环境中分解。随着公众环保意识的提高，以及石油资源的日趋紧缺，生物可降解塑料的研究与开发引起了科研工作者和企业的广泛关注和重视。生物可降解塑料一方面解决了长期以来塑料废弃物对环境造成的污染问题，另一方面缓解了石油资源紧张的矛盾。

1.1.2 生物可降解塑料的用途

2020年，全球塑料产量为36700万t，其中生物可降解塑料产量仅为122.7万t，生物可降解塑料占比约为0.33%。同年，我国塑料产量为7603.2万t，其中生物可降解塑料产量约50万t，生物可降解塑料占比约为0.66%。从各类塑料市场占有率（表1-1-1）来看，生物可降解塑料占比较低。尽管近年来生物可降解塑料呈现快速发展之势，但是目前全球的塑料年消费量在36000万t以上，以此基数计算，生物可降解塑料消费量占比不及

1%，而传统的石油基塑料仍是目前塑料消费的主要品种，占比达75%，因而从市场占有率来看，生物可降解塑料行业仍处于发展初期，尚有较大发展空间。

表1-1-1 各类塑料市场占有率

塑料种类	石油基塑料	再生塑料	填充塑料	生物可降解塑料
市场占有率/%	≥75	约20	约5	<1

近年来，世界上很多国家，尤其是发达国家十分重视生物可降解塑料的研究和生产，已开发成功的品种达几十种，主要有聚羟基烷酸酯（PHA）、聚乳酸（PLA）、聚己内酯（PCL）、聚丁二酸丁二醇酯（PBS）、聚乙烯醇（PVA）等。我国也对可生物可降解塑料进行了大量的研究，以期开发出可工业化生产并大量使用的品种。用生物可降解塑料替代不可降解塑料是实现塑料污染从源头减量的重要途径。随着塑料污染治理的加强，生物可降解塑料的应用范围变得越来越广泛，现已涉及日常包装、农用地膜、一次性医疗材料、烟草、纺织纤维等多个方面。

1.1.2.1 生物可降解塑料在日常包装方面的应用

包装材料是生物可降解塑料最主要的应用领域，包括常见的食品袋、超市购物袋、快餐餐具包装袋、快递包装袋、化妆品和护肤品包装材料等。包装材料较为重要的性能指标是透气性，根据材料透气性的不同能确定这种材料在包装中的应用领域。有些包装材料要求对氧气具有透气性，以供给产品足够的氧气；有些包装材料要求对氧气具有阻隔性，如作为饮料食品等的包装则要求材料能阻止氧气进入包装内从而达到抑制霉菌生长的作用。PLA可以制成具有较高透明性、良好阻隔性、优异加工成型性及力学性能的薄膜制品，可用于果蔬的软包装。它能给果蔬创造适宜的贮藏环境，维持果蔬的生命活动，延缓水分的流失，保持果蔬的色、香、味。但在应用于实际食物包装材料时，还需要进行一些改性以适应食物自身的特点，从而达到更好的包装效果。

在外卖餐饮市场方面，2020年国家发展改革委和生态环境部发布《关于进一步加强塑料污染治理的意见》，该意见明确指出“到2025年，地级以上城市餐饮外卖领域不可降解一次性塑料餐具消耗强度下降50%”。2020年全国通过主流互联网外卖平台共消耗57.4万t塑料，塑料消耗量五年时间增长10倍之多。2020年我国餐饮外卖行业生物可降解塑料的渗透率大约为10%，此外由于一次性塑料餐盒的替代品除了生物可降解塑料以外，还有纸质餐盒等，预计到2025年生物可降解塑料餐具的渗透率能达到30%，届时对生物可降解塑料的需求量将达到70万t左右。随着国家政策规范的逐步推进，生物可降解塑料在餐饮外卖中的应用种类开始增多，应用场景变得相对广泛。

1.1.2.2 生物可降解塑料在农用地膜方面的应用

地膜已广泛应用于农业生产，它在增温保湿、抗虫防病方面作用显著，且其生产、应用技术成熟，在农业生产中增产增收的效益巨大。特别是应用30多年以来，我国地膜的产销量已居世界第一，地膜覆盖面积达20万km^2，地膜已成为我国农民的重要农资。2021年，我国地膜使用量高达79.87万t。由于PE地膜性能稳定，自身极难降解，多年来大面积使用后的残膜无法彻底清理回收，导致残膜在土壤中的比重逐年增加。研究表明，残膜可改变土壤的理化特征，造成土壤肥力降低、植物根系生长发育变缓。土壤中残膜含量为585 kg/hm^2时，玉米、小麦、大豆、蔬菜等会减产55%～59%。随着我国农用地膜使用量的持续增长，地膜残留问题给我国的环境保护和农业的可持续发展构成了严重威胁。减少残膜污染的主要措施是回收再利用，如制成井盖、护栏等低附加值产品。但回收再利用方案仅是在一定程度上延长了PE地膜的使用周期，长远来看，环境污染问题仍然存在。

国际上关于降解地膜的研发已有40余年，国内多家科研、生产单位也进行了20多年的探索研究。生物可降解塑料地膜是从20世纪90年代后期开始被大量研发生产，目前在欧洲和日本等发达国家已经被逐渐推广应用。生物可降解地膜最大的优点是残留在土地后，在短期内就能被完全分解成二氧化碳和水，不会破坏和污染土壤，也不影响农作物生长。

随着近年来国内生物可降解树脂原料生产和制品加工技术的进步，降解地膜尤其是生物可降解地膜的研发已取得较大进展。以聚对苯二甲酸-己二酸-丁二醇酯（PBAT）、PBS树脂为主要原料，通过对淀粉、纤维素等天然聚合物及其各种衍生物、混合物进行改性，采用吹塑工艺制成的生物可降解地膜已逐渐成熟，有望替代PE地膜。

目前，国内研制的生物可降解地膜从农田应用试验效果上看，该类地膜不仅能够完全降解，而且具有良好的增温保墒功能与增产作用，在部分气候干燥地区及烟草、大蒜、花生等使用时间并不苛刻的作物上使用，有较好的效果。

1.1.2.3 生物可降解塑料在一次性医疗材料方面的应用

生物医用材料是用于诊断、治疗、修复或替换人体组织或器官，或者用于增进其功能的材料。生物医用材料植入人体后，可能会对局部组织和全身产生作用和影响，如果长期存在于人体内会引起一系列的机体反应，有时还需要二次手术将其取出，并需控制因手术而产生的二次感染，这无疑增加了患者的痛苦和医疗费用。鉴于此，国家对生物医用材料制定了严格的生产标准与使用要求，如对植入人体内部的可降解生物医用材料的降解过程必须进行严格的控制。一方面，进入人体的生物医用材料必须具有良好的生物相容性，可与人体组织和谐相处，不发生排异、炎症等机体反应，也不产生致癌或者致畸作用。同时生物医用材料的结构及力学性能必须符合相关要求，不会出现产品变形等情况。另一方面，生物医用材料在人体内经水解、酶解等过程，逐渐降解成低分子量化合物或单体，且其降解产物能被排出体外或能参与体内正常新陈代谢而消失。但应注意的是，要确保降解过程发生的起始时机合适，否则医用效果会变弱，还存在二次手术的风险。

目前，可降解生物医用材料的种类很多，主要分为可降解医用高分子材料、合成可降解材料、可降解生物陶瓷材料、可降解医用金属材料以及可降解医用复合材料等。可降解生物医用材料的发展结合了医学、化工学、材料学以及力学等多个学科，我国正集中力量对其进行深入研究。工业和信息化部等九个部门联合印发的《“十四五”医药工业发展规划》指出，在医疗器械领域中重点发展可降解材料等生物医用材料。《中国制造2025》也提出要重点发展全降解血管支架等高值医疗器械。

1.1.2.4 生物可降解塑料在烟草领域的应用

生物可降解塑料PLA可用来制备烟嘴过滤棒，用其制备的烟嘴过滤棒具有可降解，对焦油、尼古丁吸附量高等优点。2023年5月，电子烟品牌Voopoo的母公司吉迩集团表示已找到全球首个新型双环保一次性电子烟解决方案，该电子烟采用PLA材料制成，结合了可拆卸和生物可降解的优点。研究者经过数千次试验和测试，创造了电子烟棒独特的内部结构和工艺，可进一步增强材料的稳定性，使其在数千次跌落和冲击测试后仍保持初始强度，大大提高了PLA电子烟棒的稳定性和安全性，且不会破坏材料原有的生物可降解优势。另外，产品可轻松拆卸以进行回收或处置，能最大限度地减少制造和使用过程中对环境的影响。此外，在烟草种植中使用生物可降解地膜，是生物可降解塑料应用的一大方向，PBAT、PBS类生物可降解地膜也已在烟草种植中进行了示范性应用。

1.1.2.5 生物可降解塑料在纺织纤维领域的应用

可利用PLA纤维的优势，如定型力好、尺寸稳定性好、不刺激皮肤、易洗易干等，通过在纺丝时改变工艺及添加其他材料，让PLA纤维具有功能性，如吸湿排汗、防紫外线等，从而开发出独具优势的服装用面料。目前市面上已成功开发出包括运动衫、童装、内衣等PLA服装用面料。另外，也可使用纯PLA，或将其与其他纤维混合来代替现有的聚酯相关填充物，用以被子、枕头等物品的填充。此外，生物可降解塑料还可以制备降解无纺布，如可用于制备医院手术衣、餐厅餐桌布、美容院盖布等，市场容量巨大。2022年4月，工业和信息化部和国家发展改革委发布《关于化纤工业高质量发展的指导意见》，该意见提出到2025年，要攻克包含PBAT、PBS在内的多种生物可降解纤维材料制备技术，生物基化学纤维和可降解纤维材料的目标产量为年均增长达20%以上。

1.1.2.6 生物可降解塑料在其他方面的应用

目前国内已开始大力实施沙漠治理、荒山植树种草、城市规划以及各类护坡、固土等工程，一次性塑料制品的使用量将大幅增加，这对生物可降解塑料来说也是一个良好的发展机遇。

2022年2月，联合国第五届环境大会讨论制定了首个应对塑料危机的全球协定，并通过了具有法律约束力的《终止塑料污染决议（草案）》，标志着全球塑料污染治理进入了新阶段。生物可降解塑料迎来新的重大发展机遇，在一定程度上得益于相关法律法规支持。目前，欧洲是生物可降解塑料的主要消费市场，其消费量约占全球的55%，亚太地区约占25%，北美约占19%。

随着我国塑料污染治理措施的不断加强，预计未来几年，我国生物可降解塑料的应用将大幅上升。

2017—2021年，我国生物可降解塑料消费量的平均年增速在20%左右。随着国内“禁限塑”政策密集出台和逐步落地，一次性薄膜、快递包装、线上外卖等重点关注方向实现生物可降解塑料替代步伐在加速。2022年年底，我国“限塑令”禁止使用的约200万t塑料产品中，对PBAT、PBS的需求量达100万t以上；2025年年底，禁止使用的塑料产品将超过800万t，预计生物可降解塑料的需求量将突破500万t。

1.1.3 生物可降解塑料的种类

1.1.3.1 PBAT

PBAT属于热塑性生物可降解塑料，是已二酸丁二醇酯（PBA）和对苯二甲酸丁二醇酯（PBT）的共聚物，兼具PBA和PBT的特性，综合了脂肪族聚酯的优异降解性能和芳香族聚酯的良好力学性能，既有较好的延展性和断裂伸长率，又有较好的耐热性和抗冲击性能。此外，PBAT还具有优良的生物可降解性，是目前生物可降解塑料中研究非常活跃和市场应用最好的降解材料之一。PBAT是一种半结晶型聚合物，结晶温度在110 ℃附近，熔点在130 ℃左右，密度在1.18～1.30 g/mL之间。PBAT的结晶度在30%左右，邵氏硬度在85°以上，其主要理化性质如表1-1-2所示。PBAT因具有良好的柔性和延展性，吹膜应用前景较好，适用于制作各种膜袋类产品，包括购物袋、快递袋、保鲜膜等，但其熔点低、耐热性不好，不适合做注塑材料。

表1-1-2 PBAT产品的物理性能和降解性能指标

项目	指标	测试标准
拉伸强度/MPa	≥15	GB/T 32366—2015
伸长率/%	≥500	
弯曲模量/MPa	≥30	
弯曲强度/MPa	≥3	
相对生物分解率/%	≥90	GB/T 19277.1—2011

1.1.3.2　PBS

PBS由丁二酸和丁二醇聚合而成，具有良好的热性能、机械加工性能，易被自然界的多种微生物或动植物体内的酶分解、代谢，最终分解为二氧化碳和水，是典型的可完全生物降解材料。PBS的拉伸强度介于PBAT与PLA之间，耐热性能比较好，PBS产品的物理性能如表1-1-3所示。通过添加适量第三组分，可对PBS进行共聚改性，在改善其性能的同时，可保留其生物可降解性，这种材料主要包括聚丁二酸-己二酸丁二醇酯（PBSA）等。

表1-1-3　PBS产品的物理性能

项 目	指标	测试标准
拉伸强度 /MPa	≥25	GB/T 30294—2013
伸长率 /%	≥150	
弯曲模量 /MPa	≥400	
弯曲强度 /MPa	≥3	
悬臂梁缺口冲击强度 /($kJ \cdot m^{-2}$)	≥4	

1993年，日本昭和高分子公司首先研发了异氰酸酯扩链制备高分子量PBS的技术，才使PBS作为高分子材料进入人们的视野，并因其具有良好的力学性能和生物降解性能被材料界高度关注。国内PBS的研究虽起步晚，但发展速度较快，主要研究单位有中国科学院理化技术研究所（简称“中国科学院理化所”）、清华大学、四川大学等。中国科学院理化所于2003年开发了一步法新工艺用来制备PBS产品；2006年，安庆和兴化工有限责任公司依托清华大学建成了3000 t PBS生产线，2009年顺利投产万吨生产线；2008年，杭州鑫富科技有限公司采用中国科学院理化所的技术，建成了世界上第一条一步法合成PBS的生产线。此后，中国科学院理化所先后授权金晖兆隆高新科技股份有限公司生产PBS、PBAT。截至2021年年底，PBAT、PBS的产能分布如表1-1-4所示。

表1-1-4 2021年年底PBAT、PBS产能分布（含在建及拟建）

生产企业	产能/(万 t·a^{-1})	备注
巴斯夫股份公司	7.4	PBAT
巴斯夫(广东)智慧一体化(Verbund)基地	8.0(在建)	PBAT改性料
三菱集团	1.0	PBS、PBSA
PTTMCC	2.0	PBS
金发科技股份有限公司	6.0、6.0（在建）	在用PBAT、PBSA，在建PBAT
新疆蓝山屯河科技股份有限公司	13.0	PBAT、PBS
金晖兆隆高新科技股份有限公司	2.0	PBAT
杭州鑫富科技有限公司	1.3	PBAT、PBS
安庆和兴化工有限责任公司	1.0	PBS
中国石化仪征化纤有限责任公司	1.0	PBAS、PBAT
甘肃莫高聚和环保新材料科技有限公司	2.0(在建)	PBAT、PBS
康辉新材料科技有限公司	3.3(在建)	PBAT、PBS
安徽雪郎生物科技股份有限公司	2.0(在建)	PBAT、PBS
浙江华峰新材料有限公司	30.0(在建)	PBAT
山东瑞丰高分子材料股份有限公司	3.0(在建)	PBAT
万华化学(四川)有限公司	60.0(拟建)	PBAT
重庆鸿庆达产业有限公司	3.0(拟建)	PBAT、PBS
河南恒泰源新材料有限公司	3.0(拟建)	PBAT
新疆望京龙新材料有限公司	130.0(拟建)	PBAT
华峰集团有限公司	30.0(拟建)	PBAT
新疆美克化工股份有限公司	6.0(拟建)	PBAT

续表1-1-4

生产企业	产能/(万t·a^{-1})	备注
中化学东华天业新材料有限公司	10.0(在建)、40.0(拟建)	PBAT
新疆曙光绿华生物科技有限公司	10.0(拟建)	PBAT

1.1.3.3 PLA

PLA是一种新型的生物降解材料，使用可再生的植物资源（如玉米、木薯、秸秆等）所提出的淀粉原料制成。淀粉原料经糖化得到葡萄糖，再由葡萄糖及一定的菌种发酵制成高纯度的乳酸，再通过化学合成方法合成一定分子量的PLA。PLA制品除能生物降解外，其生物相容性、光泽度、透明性、手感和耐热性均较好，使用后可以堆肥降解成二氧化碳和水，实现在自然界中的循环，PLA的生态循环示意图如图1-1-1所示。PLA商业化程度高，力学性能好，可以注塑、发泡、吹塑，缺点是韧度不够。PLA的熔点为160～180 ℃，耐热温度最高可达150 ℃，PLA产品的主要物理性能指标如表1-1-5所示。

PLA是一种性能优异的可降解材料，在全球尚处于发展早期，其发展主要受限于聚合难度。截至2022年年底，PLA的市场销售价格在每吨2万元以上，若实现原料一体化，PLA的市场盈利将非常可观。现在全国部分地区已开始大规模地限制塑料生产，生物可降解塑料的市场需求也因此得到了快速增长，PLA的市场空间巨大。截至2022年年底，PLA产能分布与在建产能如表1-1-6所示。

表1-1-5 PLA产品的物理性能指标

项 目	指标	测试标准
拉伸强度/MPa	≥60	GB/T 29284—2012
伸长率/%	≥4	
弯曲模量/MPa	≥2.8	
冲击强度/(kJ·m^{-2})	≥2.45	
维卡软化点/℃	≥55	

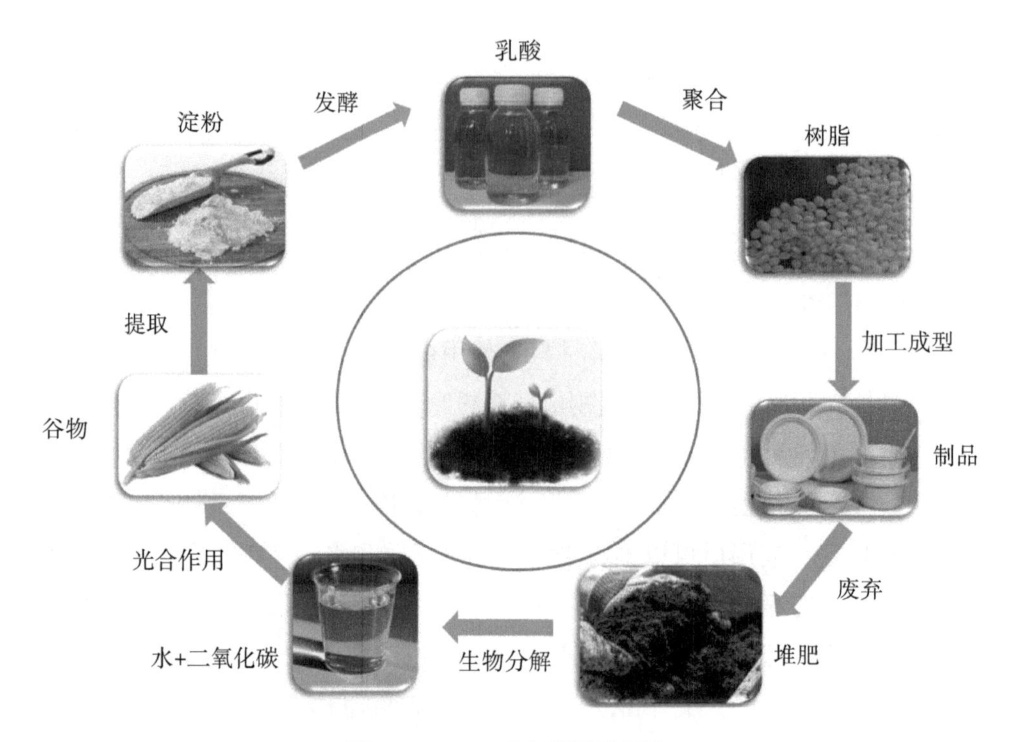

图 1-1-1 PLA 生态循环示意图

表 1-1-6 2022 年年底 PLA 产能分布（含在建及拟建）

生产企业	产能/(万 t·a^{-1})	备注
美国 NatureWorks 公司	15.0、7.0(拟建)	项目位于泰国
荷兰 TotalCorbion 公司	7.5	—
芬兰 Hycail 公司	0.5	—
荷兰 Synbra 公司	0.5	—
浙江海正生物材料股份有限公司	4.5	—
吉林中粮生化有限公司	1.0	—
河南龙都天仁生物材料有限公司	5.0	—
珠海金发生物材料有限公司	3.0	—
恒天长江生物材料有限公司	1.0	—
深圳光华伟业股份有限公司	1.0	—

续表1-1-6

生产企业	产能/(万 $t \cdot a^{-1}$)	备注
安徽丰原生物技术股份有限公司	10.0、30.0(在建)	—
山东同邦新材料科技有限责任公司	5.0(在建)	—
上海同杰良生物材料有限公司	1.0	—
普立思生物科技有限公司	5.0	—

1.1.3.4　PHA

PHA是近20多年迅速发展起来的一种天然形成的高分子生物材料。PHA具有良好的生物相容性能、生物可降解性能和塑料热加工性能，可作为生物医用材料和生物可降解包装材料，已经成为近年来生物材料领域最为活跃的研究热点。PHA还具有很多非线性光学性、压电性、气体相隔性等高附加值性能。

天然的或合成的生物可降解高分子材料往往有很高的水蒸气透过性，这在食品保鲜中是不利的，而PHA则具有良好的气体阻隔性，使其可应用于较长时间的鲜品保鲜包装。一方面，水蒸气透过性是保鲜包装产品的重要指标，PHA在这一点上的性能是完全可以和现在的聚对苯二甲酸乙二醇酯(PET)、PP等产品相提并论的。另一方面，PHA还具有较好的水解稳定性，将由PHA制成的杯子用75 ℃的自动洗碗机连续洗涤20个循环，它的形状和分子量均没有发生变化，表明PHA可以很好地用于器具生产。此外，与其他聚烯烃类、聚芳烃类聚合物相比，PHA可以很好地抗紫外线，可作为生物可降解型环保溶剂的来源，如具有低挥发性和水溶性的乙基羟基酸（EHB）是生产清洁剂、胶黏剂、染料、墨水的溶剂，PHA可用来生产EHB。正因为PHA汇集了这些优良的性能，使其可以在包装材料、黏合材料、喷涂材料、器具类材料、电子产品、耐用消费品、农业产品、自动化产品、化学介质和溶剂等方面得到应用。部分PHA类材料产能分布统计如表1-1-7所示。

表1-1-7　部分PHA类材料产能分布统计

生产企业	产能/(万 $t \cdot a^{-1}$)	PHA品种
德国慕尼黑Biomers公司	0.10	聚羟基丁酸酯(PHB)
日本钟渊化学工业公司	0.50	3-羟基丁酸和3-羟基己酸的共聚酯(PHBH)
Danimer Scientific公司	3.85	PHA
韩国希杰集团	0.50	PHA
北京蓝晶微生物科技有限公司	0.50	PHBH
宁波天安生物材料有限公司	0.20	3-羟基丁酸和3-羟基戊酸的共聚酯(PHBV)

目前应用较为成熟的生物可降解塑料有PBAT、PBS、PLA、PHA、聚碳酸亚丙酯（PPC）以及淀粉基生物可降解材料等。全球生物可降解塑料产能中，PLA、淀粉基和PBAT的产能占多数，三者总占比为87%，如图1-1-2所示。从图1-1-3可以看出，我国生物可降解塑料产能以二元酸二元醇共聚酯为主，PBAT/PBS的占比为78%，PLA受制于原料制备技术，所占比例较小，仅为16%。

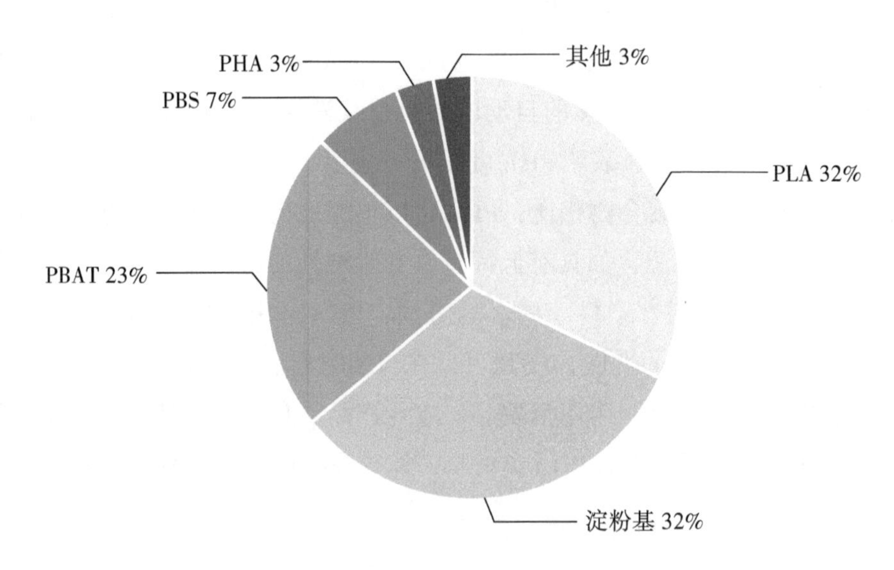

图1-1-2　全球生物可降解塑料产能占比

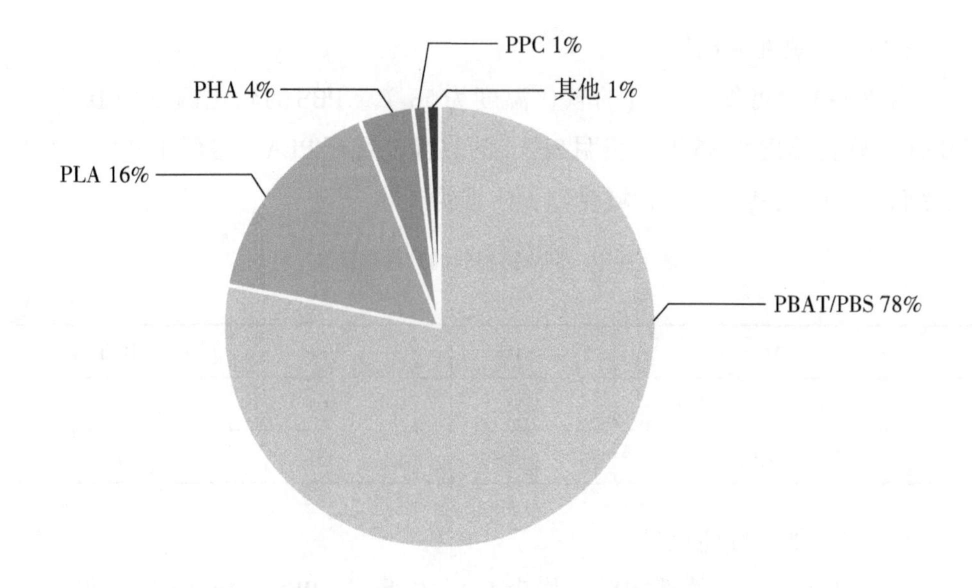

图1-1-3　我国生物可降解塑料产能占比

1.1.4　不同生物可降解塑料的性能比较

1.1.4.1　机械性能比较

由表1-1-8可以看出，与PLA相比，PBS的韧性优于PLA，但强度不如PLA，PBAT具有优异的延展性。总体来讲，三种产品在机械性能方面各有所长，但PBS、PBAT较柔软、坚韧，而PLA的硬度、刚性较好。

表1-1-8　PBAT、PBS和PLA的机械性能比较

项目	测试标准	PLA	PBS	PBAT
拉伸强度/MPa	GB/T 1040—2018	65	35	18
断裂伸长率/%	GB/T 1040—2018	7	250	600
弯曲强度/MPa	GB/T 9341—2008	70	30	—
弯曲弹性模量/MPa	GB/T 9341—2008	3000	670	—
缺口冲击强度/($J \cdot m^{-2}$)	GB/T 1843—2008	32	50	—

1.1.4.2 热性能比较

由表1-1-9可知，PLA的软化温度为58 ℃，PBS的软化温度为101 ℃，PBAT的软化温度为85 ℃，表明PBAT的热性能优于PLA，略低于PBS。PLA因受软化点的限制，应用领域受到了严重的制约。

表1-1-9 可降解塑料的热性能比较

单位：℃

项目	PLA	PBS	PBAT
软化点	58	101	85
玻璃化温度	60	-32	-30

1.1.4.3 加工性能比较

不同可降解材料的性能对比如表1-1-10所示。PBS和PBAT具有非常优异的加工性能，可以在目前普通聚烯烃加工设备上进行加工，适合注塑、挤出、吸塑、吹塑、流涎、纺丝等各种常规和特殊的加工方法。PLA不仅需要苛刻的加工环境，还需要专门改造的加工设备，适应性很差。在使用国内目前加工设备的情况下，PBAT可以直接推广加工，不需要对现有设备进行任何改造，而PLA的加工必须要有特殊的加工环境（干燥环境）和特殊的加工装备。由于PBS和PBAT具有优异的加工性能，加工包容性大，即使加入超过60%的淀粉、碳酸钙等填料来降低成本，制品的性能依然可以满足使用要求。优异的加工性能使得PBAT制品的价格较低，且低于PLA制品。此外，通过加入PBS、PBAT，还可以改善PLA、PHB等降解塑料的加工性能，弥补后者的部分应用缺陷，并能够提高制品的刚性，得到优势互补的效果。

表1-1-10 不同可降解材料的性能对比

项目	淀粉基塑料	PLA	PHA	PBS	PBAT
耐热性能	较低	较高	高	高	高
成膜性能	较好	差	较好	较好	良好
硬度	较低	高	低	较低	低

续表1-1-10

项目	淀粉基塑料	PLA	PHA	PBS	PBAT
力学强度	适中	较高	高	高	高
耐水解性能	适中	低	高	高	高
透明性	低	高	低	低	低
价格	低	较低	高	较高	较高

1.1.5 关于生物可降解塑料的政策环境

目前，全球每年仅一次性塑料制品的消费量就达12000万t，其中只有10%被回收利用，另外约12%被焚烧，超过70%被丢弃到土壤、空气和海洋中。每年投放至海洋的塑料垃圾超过800万t，并且这一数字还在不断上升，预计到2025年，全球海洋塑料垃圾量将达25000万t。

传统的一次性塑料制品，因其物化性质稳定，故很难自然降解，大量一次性塑料制品废弃物污染已经严重危害到土地、水体及动物、人类的健康安全。全球已有近90个国家和地区出台了控制或者禁止一次性不可降解塑料制品的相关政策或规定。可降解塑料被认为是解决一次性不可降解塑料废弃物污染问题的有效途径。针对塑料污染问题国内外较多国家和地区发布了大量相应政策。

1.1.5.1 国际层面

意大利自2011年起禁止使用非生物可降解塑料袋。

2018年4月，澳大利亚8个州、地区以及联邦环境部长签署联合协议，该协议设定了到2025年，在全国范围内实现100%可循环利用、可重复使用或可降解包装的目标。

2018年5月，西班牙通过了关于限制塑料袋使用的皇家法令，该法令规定7月1日起西班牙的商家不能免费为客人提供塑料袋。并且从2021年开始，禁止使用所有非生物可降解的轻质塑料袋。

根据《关于节约资源及促进资源回收利用修正案》，自2019年1月1日起，韩国2000家大型超市以及1.1万家面积超过165 m^2的超市开始全面禁用一次性塑料袋。

2019年5月，英国宣布自2020年4月起禁用塑料吸管、搅拌棒和塑料棒棉签，但是由于新冠疫情的暴发，此项禁令推迟至2020年10月起执行。

2019年10月，印度开始在全国范围内实行“禁塑令”，对塑料袋、塑料杯、塑料吸管等塑料制品实行严格管理。同月，印度再次发布的海事环保“禁塑令”指出：自2019年10月16日起，禁止过境船舶上使用塑料餐具、一次性塑料袋、塑料盒、小于10 L的洗液分装瓶及达到10 L的瓶装水用容器；自2020年1月1日起，禁止过境船舶使用各种塑料袋、塑料盒、食品包装膜、防震保温包装、分装塑料容器、包装袋、包装瓶盖等。

2019年11月，加拿大决定于2020年4月起禁用塑料吸管，2021年元旦起禁用塑料袋。

法国自2020年1月1日起禁止销售部分一次性塑料制品，其后数年逐步禁用所有该类产品，最终目标是在2040年前，将一次性塑料制品的使用率降低到零。

美国纽约州的“禁塑令”原定于2020年3月1日开始实施，然而为了让商家消耗此前库存的塑料袋，该“禁塑令”延迟一个月至4月1日起执行。2020年4月，纽约州表示，因新冠疫情，5月15日之前不会执行该“禁塑令”。

2020年7月1日，新西兰的“禁塑令”正式实施，各种零售场所开始禁止使用和向顾客提供一次性塑料袋，违反者情节严重的将面临10万纽币的罚款。

1.1.5.2 国内层面

2017年8月，中国颁布了《全面禁止进口固体废物有关事项的公告》。

2019年2月，海南省发布《海南省全面禁止生产、销售和使用一次性不可降解塑料制品实施方案》，标志着海南省的禁塑工作开始全面启动。

2020年1月，国家发展改革委发布《关于进一步加强塑料污染治理的意见》，在全国范围内开展“禁塑”工作。此后，为落实该意见的要求，中国31个省（自治区、直辖市）相继发布了各自省份的进一步加强塑料污染治理工作实施方案。

2020年7月，国家发展改革委、生态环境部、工业和信息化部、住房城乡建设部、农业农村部、商务部、文化和旅游部、国家市场监管总局、中华全国供销总社等九个部门联合印发《关于扎实推进塑料污染治理工作的通知》，对进一步做好塑料污染治理工作做出部署。

2022年1月25日，生态环境部会同农业农村部、住房城乡建设部、水利部、国家乡村振兴局等部门联合印发《农业农村污染治理攻坚战行动方案（2021—2025年）》，推进全生物可降解地膜有序替代传统地膜。

2022年3月1日，农业农村部发布《关于落实党中央国务院2022年全面推进乡村振兴重点工作部署的实施意见》（农发〔2022〕1号）。该意见指出要加强农业资源环境保护，推进农业绿色转型，强调加大加厚地膜与全生物可降解地膜推广应用力度，打击非标农膜入市下田。

2022年3月16日，农业农村部农业生态与资源保护总站印发《2022年地膜科学使用回收试点技术指导意见》指出，于2022年开始向各地推广加厚高强度地膜5000万亩（1亩≈666.67平方米）、全生物可降解地膜500万亩，从源头减量、使用管理和末端回收全过程一体推进，系统解决传统地膜回收难、替代成本高的问题。

1.1.5.3　企业层面

2020年8月25日，由美国非营利组织The Recycling Partnership、世界自然基金会（WWF）和英国环保慈善机构Ellen MacArthur Foundation合作创建的环保倡议项目——美国塑料公约（U.S.Plastics Pact）正式启动。汉高（Henkel）、欧莱雅集团（L’ Oréal）、联合利华集团（Unilever）、沃尔玛（Walmart）等企业成为该项目的创始成员之一，他们一起承诺到2025年企业所有的塑料包装都将是可重复使用、可回收或可堆肥的。

2020年9月，沃尔玛中国宣布加入“减塑”行动派倡议，加大推行生物可降解塑料购物袋的使用，承诺于该年年底前位于直辖市、省会城市以及大连、宁波、厦门、青岛和深圳五个计划单列市的所有沃尔玛门店停止向顾客提供不可降解塑料购物袋，推出生物可降解塑料购物袋。

永旺超市于2018年在广东地区率先在店铺正式导入全生物可降解购物袋，目前已经实现全生物可降解购物袋店铺100%导入。

2020年8月，美团外卖的“青山计划”公布了2025目标：建设绿色包装供应链，为平台全量商家提供外卖包装可回收、可降解或可重复使用的解决方案。

2020年8月，喜茶发布《关于不再使用不可降解一次性塑料吸管的倡议书》，该倡议书提出，到2020年年底，茶饮（冷饮）企业不再使用不可降解一次性塑料吸管。同时，要积极研究推进纸质、可降解吸管或使用免吸管杯等多种替代方案，做好过渡工作。

全球范围内各种利好政策的落地、企业及个人环保意识的增强为可降解塑料带来了新的市场机遇。可降解材料不仅是国家新材料战略发展的重点，也是目前绿色概念最丰满的材料之一。以可降解材料制备塑料替代难以回收的不可降解塑料，是缓解塑料危机及微塑料污染的有效措施。

1.2 聚氯乙烯

PVC树脂是世界上最早工业化的树脂品种之一，也是目前世界上仅次于PE树脂的第二大塑料品种，其消费量占世界合成树脂总消费量的29%。从2004年起，国内PVC树脂的产量已超过PE树脂和PP树脂，跃升为第一位。PVC树脂呈白色粉末或颗粒状，粒径为60～250 μm，表观密度在0.40～0.60 g/cm^{3}之间，折光率为1.544（20 ℃），吸水率小于等于0.5%，不溶于水、酒精、汽油，能溶胀或溶解于醚、酮、氯化脂肪烃和芳香烃。常温下有较强的耐酸性，对盐类稳定，可耐任何浓度的盐酸、90%以下的硫酸、50%～60%的硝酸及20%以下的烧碱溶液。在火焰上能燃烧，离开火焰即熄灭。PVC树脂先由200～500 nm的一次粒子（也称区域结构）聚集成1～2 μm的初级粒子（又称二次粒子），再由初级粒子聚集成50～250 μm的树脂颗粒而形成。

1.2.1 PVC树脂的合成方法

PVC树脂的合成方法有悬浮聚合法、乳液聚合法和本体聚合法。PVC树脂的生产以悬浮聚合法为主，使用该方法生产的PVC树脂约占PVC树脂总产量的80%左右。行业内一般将PVC树脂生产工艺依据氯乙烯（VCM）单体获得方法的不同来区分，有电石法、乙烯法和进口单体法，习惯上把乙烯法和进口单体法统称为乙烯法。根据生产方法的不同，PVC纯料分为通用型PVC树脂、高聚合度PVC树脂、交联PVC树脂。通用型PVC树脂是由VCM单体在引发剂的作用下聚合形成的树脂，高聚合度PVC树脂是指在VCM单体聚合体系中加入增链剂聚合而成的树脂，交联PVC树脂是在VCM单体聚合体系中加入含有双烯和多烯的交联剂聚合而成的树脂。

1.2.2　PVC树脂的用途

PVC树脂可加工成各种塑料制品，主要有透明片、管件、输血器材、软硬管、板材、门窗、异型材、薄膜、电绝缘材料、电缆护套、输血料等。根据其用途的不同，可分为软质制品和硬质制品两大类。

1.2.2.1　PVC树脂在软质制品方面的应用

利用挤出机可以将PVC树脂挤成软管、电缆、电线等；利用注射成型机并配合各种模具，可将PVC树脂制成塑料凉鞋、鞋底、拖鞋、玩具等日用品和汽车及电器配件等。2018年我国PVC软制品消费构成比例见表1-2-1。国内PVC软管的应用水平与先进国家的相比还有很大进步空间。目前，国内PVC管材企业的生产主要集中在硬质塑料管上，从事塑料软管生产的企业相对较少。因此，PVC软管市场相对广阔，尤其是技术含量高的软管，其竞争较小。

表1-2-1　2018年我国PVC软制品消费构成比例

PVC软制品名称	消费比例/%
薄膜	29.3
地板革、壁纸、发泡材料	22.7
电缆料	13.3
鞋及鞋底材料	9.3
人造革	8.0
其他	17.4
合计	100

1.2.2.2 PVC树脂在硬质管材及异型材方面的应用

相对其他塑料而言，PVC树脂的耐老化性能优良、冲击强度较高、韧性好、价格低廉，适合做排水管等各种建筑用管材、型材、异型材。作为化学建材的重要领域——塑料管道，PVC管材是其主要组成部分，常见类型有城镇供水排水塑料管道、城市燃气塑料管道、建筑给水（冷、热水）塑料管道、建筑采暖塑料管道等。塑料型材、异型材主要指塑料门窗、铺地材料等。

1.2.2.3 PVC树脂在薄膜方面的应用

PVC树脂与添加剂混合、塑化后，可利用三辊或四辊压延机制成规定厚度的透明或着色薄膜并成为压延薄膜，也可以通过剪裁、热合加工成包装袋、雨衣、桌布、窗帘、充气玩具等。透明薄膜可以用于温室塑料大棚建设或作为地膜使用。另外，经双向拉伸的薄膜，因具备受热收缩的特性，可用于收缩包装产品的生产。

1.2.2.4 PVC树脂在涂层制品方面的应用

有衬底的人造革是先将PVC树脂糊涂敷于布或纸上，然后在100 ℃以上经过塑化而成，也可以先将PVC树脂与助剂压延成薄膜，再将薄膜与衬底压合。无衬底的人造革则是直接由压延机压延成一定厚度的软质薄片，再在软质薄片上压制花纹而制成。人造革可以用来制作皮箱、皮包、书的封面、沙发及汽车的坐垫等，还可用来制作地板革或可作为建筑物的铺地材料来使用。

1.2.2.5 PVC树脂在泡沫制品方面的应用

软质PVC树脂混炼时，加入适量的发泡剂做成片材，片材经发泡成型成为泡沫塑料，该泡沫塑料可用于制作泡沫拖鞋、凉鞋、鞋垫或可作为防震缓冲包装材料来使用。PVC树脂也可用挤出机挤出成低发泡硬质地的PVC板材和异型材，可替代木材来使用，是一种较为新型的建筑材料。

1.2.2.6 PVC树脂在透明片材方面的应用

PVC树脂中加入抗冲改性剂和稳定剂后，经混合、塑化、压延成透明的片材，再利用其热成型特点，可做成轻薄透明容器或可直接用于真空包装，是优良的包装材料和装饰材料。

1.2.3 关于PVC树脂的政策环境

随着我国对资源和能源行业的约束不断增强，加上整体环保政策逐渐趋严，PVC树脂行业由高速发展进入高质量发展阶段。如《电石工业污染物排放标准（征求意见稿）》等，对电石产能的限制将进一步制约电石法PVC树脂产能的扩张。此外，2021年3月，内蒙古自治区出台的《关于确保完成"十四五"能耗双控目标任务若干保障措施》，提出电石、PVC树脂等一系列高能耗行业在"十四五"期间不再得到审批。表1-2-2梳理了2015—2021年国内发布的PVC树脂相关产业政策。

表1-2-2 PVC树脂相关产业政策

印发时间	政策文件	发布部门	主要内容
2015-1	《电石工业污染排放标准(征求意见稿)》	环境保护部(现生态环境部)	对电石工业大气污染物、水污染物排放做了具体规定
2016-9	《石化和化学工业发展规划(2016—2020年)》	工业和信息化部	要严格控制电石、烧碱、PVC树脂等行业新增产能,对符合政策要求的先进工艺改造提升项目应实行等量或减量置换;要全面淘汰高汞触媒乙炔法PVC树脂生产装置,适度开展乙炔-二氯乙烷合成VCM技术的推广应用,加快研发无汞触媒生产装置,减少汞污染物排放
2017-8	《关于汞的水俣公约》	环境保护部(现生态环境部)、外交部等	禁止新建的VCM单体生产工艺使用汞,禁止汞化合物作为催化剂或使用含汞催化剂
2019-1	《中华人民共和国商务部公告2019年第43号》	商务部	自2019年9月29日起,对原产于美国、韩国、日本和我国台湾地区的PVC树脂不再征收反倾销税

续表1-2-2

印发时间	政策文件	发布部门	主要内容
2019-11	《产业结构指导调整目录(2019年本)》	国家发展改革委	20万t/a以下乙炔法PVC树脂生产装置和起始规模小于30万t/a的乙烯氧氯化法PVC树脂生产装置被归入了限制类，对于这类生产装置将禁止投资新建项目，投资主管部门不予审批、核准或备案等
2020-12	《鼓励外商投资产业目录(2020年版)》	国家发展改革委、商务部	将PVC树脂新型下游产品开发、生产列入鼓励外商产业投资目录
2021-1	《石油和化学工业“十四五”发展指南》	石化联合会	“十四五”期间，将推动行业高质量发展，以绿色、低碳、数字化为重点，深入实施绿色可持续发展战略
2021-3	《关于确保完成“十四五”能耗双控目标的若干措施》	内蒙古自治区发展改革委等	从2021年起，不再审批电石、PVC树脂、烧碱等新增产能项目

1.2.4 PVC薄膜存在的问题

制作PVC薄膜是PVC树脂的重要用途之一，PVC树脂已被广泛用于制造工业包装膜、食品包装膜等。但是，PVC树脂本身存在缺口抗冲击性能差、易断裂、耐热性差及加工性能差等缺点，因此，PVC薄膜的耐候性、耐热性、力学性能较差。同时，因为PVC软制品中含有的增塑剂会逐渐向表面迁移，某些作为增塑剂的邻苯二甲酸酯类可能会导致人体内分泌失调，损害人体健康。为了减少激素对人体健康的影响，人们正在限制PVC制品的使用范围，并寻找其代替物。因此，开发阻止增塑剂迁移的PVC树脂，对PVC树脂工业的发展极其重要。PVC薄膜和其他塑料薄膜一样，也存在难印刷、难黏结、难复合、易产生雾滴及静电等问题，需要对PVC薄膜进行表面改性并对加工工艺进行优化，开发出更加精细化、高性能的产品。

1.3 氯化聚氯乙烯

随着国内PVC树脂产能的迅猛增长，PVC树脂生产企业间的竞争越来越激烈，PVC树脂品种的多样化、专用化和高性能化成为行业关注的热点。近年来，国内PVC树脂生产企业不断优化产品结构，提高产品附加值，先后开发了高聚合度PVC树脂、低聚合度PVC树脂、高表观密度PVC树脂、PVC掺混树脂、高抗冲接枝共聚PVC树脂、消光PVC树脂、球形PVC树脂、纳米碳酸钙原位聚合PVC树脂、氯醋二元/三元共聚树脂、氯乙烯-丙烯酸酯共聚树脂等特种及专用树脂，以满足用户的多种需求。与普通PVC树脂相比，特种及专用PVC树脂是经过共聚、氯化、交联、增加或降低分子质量等化学改性的树脂，其改善了普通PVC树脂的抗冲击性、耐热变形性、热稳定性和流动性等方面的缺陷，是普通PVC树脂的高性能化、工程化和功能化产品。氯化聚氯乙烯（CPVC）是PVC树脂进一步氯化的产物，含氯质量分数一般为63%～68%，是一种重要的耐热型PVC树脂改性品种。随着氯质量分数的增加，CPVC树脂分子间的极性增大，分子间作用力增强，使其在物理机械性能，特别是耐候性、耐蚀性、耐老化性、可溶性、阻燃自熄性等方面均比PVC树脂有较大的提高，其耐热性比PVC树脂高20%～40%，制品的使用温度可比未增塑的PVC树脂提高30～40 ℃，在接近100 ℃的温度下长期使用，具有很好的耐酸、耐碱、耐化学药品等性能，并能保持良好的力学性能和阻燃性能，可满足化工生产中对设备及管道等的特殊要求。目前超过90%的CPVC树脂用于管道系统，图1-3-1示意CPVC树脂在不同管道的应用占比情况，其中CPVC树脂在冷热水管道方面的应用占比达到77%，在消防管道方面的应用占比为12%，在工业管道方面的应用占比为7%。

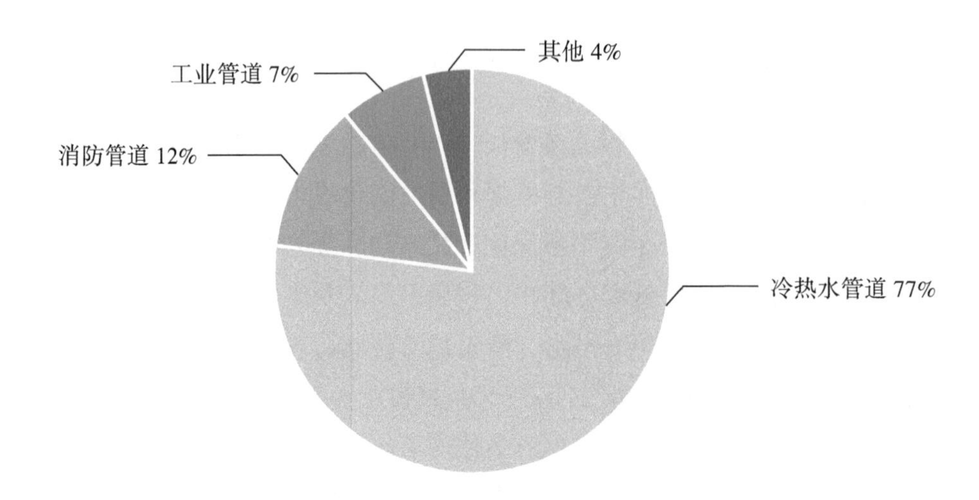

图 1-3-1 CPVC 树脂在不同管道的应用占比情况

①冷热水管道：CPVC 管材内壁光滑，输送流体时摩擦阻力和附着力小，且不受水中余氯影响，不会出现裂纹和滴漏，不容易滋生细菌，在 95 ℃下长期使用仍能保持足够的机械强度。②消防管道：CPVC 树脂的阻燃性和消烟性较好，可做消防系统用管。③化工用耐压、耐腐蚀管道：在石油化工、电镀、冶炼、废水处理等过程中，CPVC 管可代替昂贵的聚四氟乙烯管、金属管件。④高压电力电缆：CPVC 管具有优良的耐热绝缘性，且质轻易铺设，可用作高压电缆保护套管。⑤涂料及改性剂：CPVC 树脂易溶于多种有机溶剂，可用来生产涂料，还可改善其他工程塑料的耐热、阻燃性能。⑥发泡材料：CPVC 发泡体的耐热性可达 100 ℃，且收缩率较小，可用作热水管和蒸汽管道的保温材料。

1.3.1 CPVC 树脂的合成方法

CPVC 树脂是 PVC 树脂与氯气在引发剂作用下发生取代反应而生成的一种新型合成高分子材料。CPVC 树脂的生产工艺可分为均质氯化工艺和非均质氯化工艺。根据氯化分散介质的不同，CPVC 树脂的制备技术方法主要有溶剂法、水相法和气固相法。由不同方法生产的 CPVC 树脂在结构、性能上有较大的差异，其应用领域也不尽相同。

20 世纪 30 年代，德国托拉斯公司最早使用溶液法生产 CPVC 树脂。溶液法制备CPVC树脂的过程是将PVC树脂溶解到四氯化碳、氯乙烷、氯苯等有机溶剂中，再加入引发剂、通入氯气，引发剂引发氯气产生氯自由基，氯自由基再和PVC树脂发生反应，实现氯化反应得到CPVC树脂，其工艺简图如图1-3-2所示。溶液法制备的CPVC树脂产品在有机溶剂中溶解性较好，但力学性能、耐热性、热稳定性不佳，应用领域受到一定限制，且生产过程中使用的氯代烃溶剂对环境有害，会造成较为严重的环境污染和带来较高的生产成本，因此在国外已基本淘汰了此工艺。

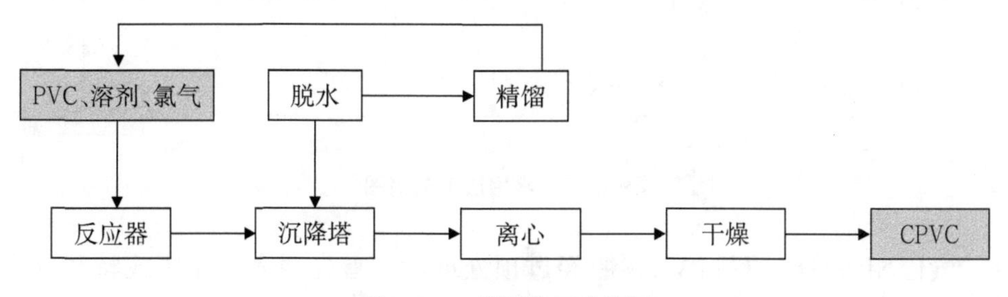

图1-3-2 溶液法工艺简图

目前，CPVC树脂的主流生产工艺使用的是水相法。生产过程是将原料PVC树脂和助剂加入水相或者盐酸相中，通过搅拌配置成一定浓度的PVC悬浮液，经过除氧操作后，再将其送入氯化反应器中，通入氯气进行氯化反应，等氯化反应完成后，经过脱酸与中和操作，再离心干燥分离出CPVC树脂，如图1-3-3所示。水相法制备CPVC树脂的工艺中，氯气通入量、氯气通入速率和反应温度对树脂的性能具有重要影响。PVC树脂在悬浮液中的浓度对氯化反应有重要影响，浓度太高、搅拌不畅，对散热均不利；浓度太低，氯化效率会变低，一般选择PVC树脂浓度为15%～30%。水相法通过控制氯气通入量和氯气通入速率可以较为精确地控制产品的氯含量，满足CPVC树脂不同应用情况下的性能需求。为了保证获得更高的氯含量和更好的氯化均匀度，在反应过程中氯气一般是在不同的温度下分阶段通入。因此，每一阶段的反应温度和氯气通入量对氯化反应都有着重要影响。水相法工艺操作简单、灵活性较大，最大的缺点是每生产1 t CPVC树脂，产生约20 t的酸性废水，制备过程需要处理大量的废水。相比溶液法制备的CPVC树脂，水相法制备的CPVC树脂应用领域更为广泛，尤其是可以用来制备硬质管材和管件。国内水相悬浮法制备工艺大多由水相氯化聚乙烯制备工艺改进而来，加之氯化专用PVC树脂开发滞后，因此国产CPVC树脂氯含量偏低、氯化均匀度差，质量上和国外产品存在较大的差距。

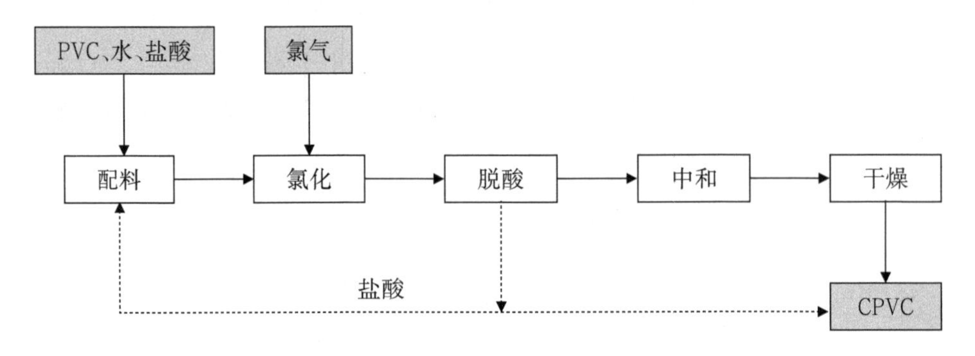

图1-3-3　水相法工艺简图

气固相法是将原料PVC树脂经过预处理后，首先通入流化床或特制反应器中，让氯气和PVC树脂逆向运动，保证氯气和PVC树脂充分混合；然后在紫外线、温度、等离子体等条件的引发下进行氯化反应，得到CPVC树脂，工艺简图见图1-3-4。反应过程中，反应温度、反应压力、反应时间、氯气通入量以及物料在反应器内的分布状态是需要关注的关键因素。相比溶液法和水相法，气固相法不使用有机溶剂或水，无反应介质，不带来四氯化碳等污染物。气固相法产生的尾气主要有两种：一种以氯气为主，几乎不含氯化氢；另一种以氯化氢为主，混有部分氯气，经过处理后，均可实现大部分回收利用，环保性佳。另外相比水相法的电能消耗量，气固相法电能消耗可减少约40%，蒸汽消耗可减少约60%，节能效果显著。但气固相法存在反应器结构复杂、关键设备依靠进口、反应过程中热量不易传递、物料分散度低、产品容易结块、氯化过程较难控制、产品氯化度分布不均等缺点。

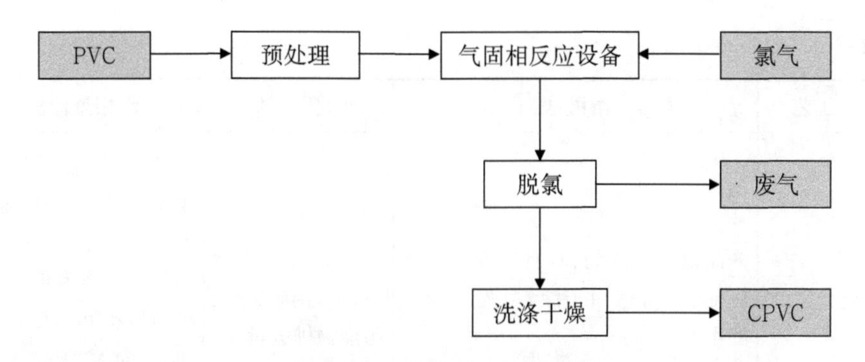

图1-3-4 气固相法工艺简图

目前，气固相法制备工艺技术成熟的代表公司为法国的阿科玛公司，该公司拥有0.5万t/a气固相法生产装置。杭州电化新材料有限公司和青海盐湖海纳化工集团有限公司分别引进了阿科玛公司气固相法生产工艺，引进产能均为0.5万t/a。鉴于气固相法的突出优点，国内外研究者们对气固相法制备CPVC树脂的生产工艺进行了大量的研究。目前，气固相法制备CPVC树脂的生产工艺仍在不断研究和完善中，国内新疆天业股份有限公司CPVC树脂生产工艺已采用气固相法。

三种生产工艺，除溶液法趋于淘汰之外，水相法和气固相法各有优缺点，表1-3-1对三种生产工艺进行了比较。

表1-3-1 CPVC树脂的生产工艺比较

生产工艺	溶液法	气固相法	水相悬浮法
生产工序	PVC树脂氯化、氯化溶液过滤、CPVC树脂从溶液中沉降、CPVC树脂干燥和溶剂回收等	将PVC树脂粉末在常压、干燥状态下，经紫外线照射，在流化床反应器中氯化，制得非均质CPVC树脂	将粉状PVC树脂悬浮于水或盐酸介质中，在助剂的存在下通氯反应，氯化反应按自由基反应机理进行。由氯化、脱酸水洗、中和水洗、离心、干燥和计量、包装等工序组成

续表1-3-1

生产工艺	溶液法	气固相法	水相悬浮法
优点	产品氯分布均匀,具有良好的溶解性能,非常适用于涂料、黏合剂等的生产	设备简单、流程短、产品纯度高、污染物排放量少	工艺简单、流程短,适于生产硬质材料;通过调节氯化条件,可得到多种性能各异的产品,可适应不同用途;产品质量、综合性能好,具有良好的耐热性和较高的机械强度
缺点	其热稳定性和力学性能较差,不能用于包括管材等在内硬质制品的制作。采用四氯化碳、氯乙烷等含卤素的有机溶剂,溶剂毒性大、污染严重、回收复杂,生产过程能耗较高,现国外已经淘汰,国内有少数企业使用此法勉强维持生产,开工率很低,将被逐步淘汰	氯化过程难以控制,产品均匀度较差、质量难以控制	生产过程中产生大量酸性废气和废水

采用溶剂法制得的是均质氯化物，主要用于生产油漆、纤维和黏合剂等；采用水相悬浮法制得的是非均质氯化物，其热稳定性高，主要用于制造管材和板材；采用气固相法制得的是非均质氯化物，制备设备简单、流程短、成本低，易实现连续化生产，缺点是原料PVC树脂易碳化。

1.3.2 CPVC树脂的生产现状

2011年之前，CPVC树脂基本处于由国外厂家垄断的状态，生产企业主要集中在美国、日本、德国和法国等。美国和日本两国的CPVC树脂产能曾一度占到世界总产能的80%。国外主要采用水相悬浮法生产CPVC树脂，产能约为25万t/a。其中，路博润公司的CPVC树脂产能高达10万t/a，是全球最大的CPVC树脂生产企业。

2011年之后，我国CPVC树脂生产进入快速发展期。根据统计，2015年我国CPVC树脂产量为4.04万t，到2022年增长至12.82万t，需求量从2015年的5.11万t增加至2022年的13.52万t。CPVC树脂供应量与需求量多年来连续保持增长态势，如图1-3-5所示，CPVC树脂市场基本处于供需平衡状态。

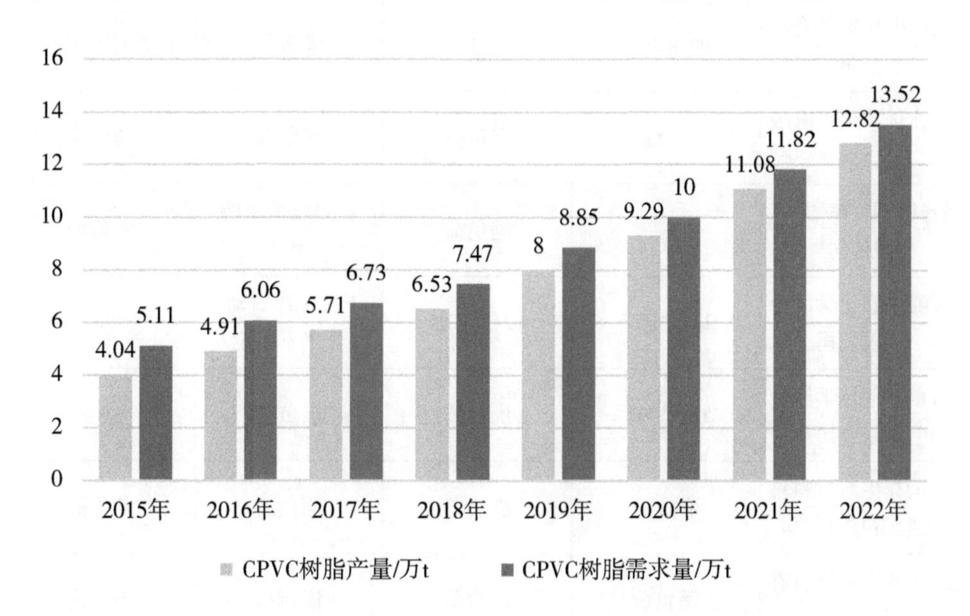

图1-3-5 2015—2022年中国CPVC树脂产量和需求量

上海氯碱化工股份有限公司是我国第一家具有自主水相法制备工艺的CPVC树脂生产企业。由于上海对氯气排放管理严格，该公司的CPVC树脂生产装置已于2022年停工。原材料被国外垄断、价格较高，国内产品质量尚有提升空间等，导致CPVC管材在我国民用市场所占份额较少。表1-3-2是中国氯碱工业协会CPVC专业委员会统计的2022年我国CPVC树脂生产企业的开工率，传统CPVC树脂生产企业山东祥生新材料科技股份有限公司、山东亚大新材料有限公司、江苏理文化工有限公司、山东高信化学股份有限公司等均保持了全年满负荷生产或较高负荷生产。新进企业里，新疆天业（集团）有限公司和新疆中泰化学股份有限公司则因各种原因导致开工率不稳定；新疆天业（集团）有限公司和新疆中泰化学股份有限公司CPVC装置分别于2021年和2022年正式投产，开工率波动较大；盘锦瑞斯特化工有限公司于2022年装置改造后一直在生产CPE。

表1-3-2 2022年我国CPVC树脂生产企业生产负荷统计

企业名称	第一季度	第二季度	第三季度	第四季度
杭州电化集团有限公司	90%以上	90%以上	满负荷	检修+以销定产
江苏理文化工有限公司	满负荷	满负荷	满负荷	满负荷
新疆天业(集团)有限公司	—	满负荷	新冠疫情影响停产	满负荷
新疆中泰化学股份有限公司	以销定产	以销定产	下游工序联动，开工不稳定	80%
山东高信化学股份有限公司	70%～80%	满负荷	满负荷	80%
山东祥生新材料科技股份有限公司	满负荷	满负荷	满负荷	满负荷
山东亚大新材料有限公司	满负荷	满负荷	满负荷	满负荷
山东璞洁橡塑有限公司	满负荷	满负荷	满负荷	40%
伊犁泰旭新材料科技股份有限公司	液氯储槽检验后开工	满负荷	满负荷	满负荷
盘锦瑞斯特化工有限公司	停产	停产	停产	停产

印度是最大的CPVC树脂消费国之一，在印度CPVC树脂主要用于生产冷热水管道和管件。印度住宅和商业建筑对清洁水需求的日益增长，推进了CPVC树脂业务的发展。2021年，印度对CPVC树脂的需求量达20万t。中东国家中，CPVC树脂的消费市场以沙特阿拉伯为首，2021年该国的CPVC树脂消费市场占全球消费市场的37.81%。伊朗是CPVC树脂的第二大消费市场。在未来几年中，预计CPVC树脂的需求将呈现稳定增长的趋势。

CPVC树脂产品价格与其原材料成本、生产技术、企业经营管理能力等密切相关。2021年受新冠疫情等因素的影响，全球大宗商品价格总体涨幅较大，从图1-3-6可以看出，2021年CPVC树脂均价大幅上涨，CPVC树脂纯料市场均价为每吨14509元；2022年有小幅回落，大约每吨13000元。印度和中东地区是我国CPVC树脂出口的主要国外市场。2022年，CPVC树脂出口价格与国内价格趋于相近。

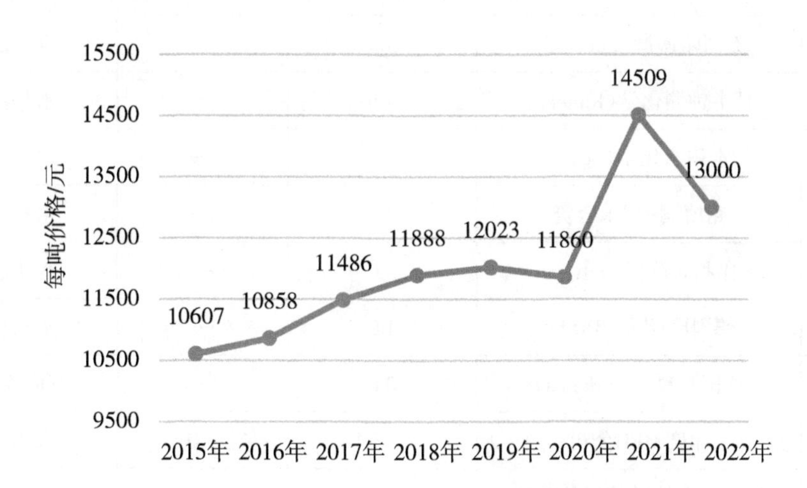

图1-3-6　2015—2022年中国CPVC树脂市场均价变化情况

早在1958年，美国诺誉化工（后被路博润整合）就开发出了CPVC树脂，其商业化生产及运用始于20世纪60年代初期。目前全球有超过20家企业生产CPVC树脂，表1-3-3列举了部分国外CPVC树脂的生产企业。美国路博润是世界最大的CPVC树脂生产企业，该企业有三家分工厂，分别位于美国得州、肯塔基州与比利时。此外，路博润也与全球第二大的CPVC树脂生产商——日本德山积水组建了合资企业，在泰国建设了一座CPVC树脂工厂，产能可达3.2万t/a。除了美国路博润、日本德山积水以外，日本电石工业、钟渊化学工业、德国巴斯夫、法国阿科玛等也是世界上主要的CPVC树脂生产企业。

这些公司凭借自己坚实的PVC树脂生产条件，开发出专门用于生产CPVC树脂的氯化专用PVC树脂，且已经形成了完整的CPVC树脂生产体系，可以生产不同聚合度与多个牌号的CPVC树脂、混配料及制品，已形成品种专业化、精细化和系列化的产业格局。CPVC树脂具有成熟的应用领域和消费市场，行业发展快速，正在逐步占据输水管道、市政工程、埋地电力管网等管材市场的主要地位。

表1-3-3　国外部分CPVC树脂生产厂家统计

序号	生产企业	产能/（万 $t \cdot a^{-1}$）	规划产能/（万 $t \cdot a^{-1}$）	工艺
1	美国路博润（Lubrizol）	10.0	—	水相法
2	日本钟渊化学（Kaneka）	4.6	—	水相法
3	日本积水化学（Sekisui）	4.0	—	水相法
4	路博润-积水合资	3.2	—	水相法
5	比利时苏威（Solvay）	2.0	—	水相法
6	德国巴斯夫（BASF）	1.0	—	水相法
7	法国阿科玛（Arkema）	0.6	—	气固相法
8	印度MFL公司	—	3.0	水相法
9	印度古吉拉特邦维拉亚特	—	10.0	水相法
合计	—	25.4	13.0	—

每生产1 t CPVC树脂需要0.7～0.8 t氯气，将氯气转化为高附加值的CPVC树脂，为氯气的综合利用带来了新的应用场景。国内现有CPVC树脂生产企业十余家，如表1-3-4所示，其中山东祥生新材料科技股份有限公司和山东高信化学股份有限公司是CPVC树脂全产业链国产化的领军企业，产能均为4万t/a。上海氯碱化工股份有限公司4万t/a、青海盐湖海纳化工有限公司0.5 t/a的CPVC树脂产能，分别因环保及氯气管理、装置工艺成熟度等问题均已停产。2023年1月13日，安徽华塑股份有限公司发布公告称，拟终止尚未开始投资建设的“年产3万t CPVC项目”，将上述项目尚未使用的募集资金39988万元投资至“年产6万t三氯氢硅项目”。之所以发布这一公告，是由于CPVC树脂市场状况出现了较大变化：一是国内CPVC树脂市场处于饱和状态，供大于求；二是国内CPVC树脂使用厂商偏好进口，制约了国产CPVC树脂的需求量；三是国内CPVC树脂出口产品主要销往东南亚及南亚市

场，但部分区域对产自中国的CPVC树脂产品做出反倾销仲裁，国外市场销量受限。2023年新建产能主要有两家，其中阿拉尔青松化工有限公司计划在新疆阿拉尔新建5万 t/a水相法CPVC树脂生产装置，甘肃金川恒信高分子科技有限公司计划在甘肃金昌新建7万t/a水相法CPE树脂生产装置，该生产装置建成后，公司会将原3万t/a CPE树脂生产装置改产CPVC树脂。

表1-3-4 国内部分CPVC树脂生产企业及其产能

编号	厂家	产能/（万 $t\cdot a^{-1}$）	备注
1	山东祥生新材料科技股份有限公司	4.0	满负荷生产,原料外购,渠道保密
2	山东高信化学股份有限公司	4.0	氯化专用PVC树脂原料来源于台湾塑胶工业股份有限公司和中国石化齐鲁石油化工公司
3	山东旭业新材料股份公司	1.5	原料来源于就近PVC树脂生产企业
4	江苏天腾化工有限公司	0.5	—
5	新疆天业集团有限公司	2.0	气固相法,自产氯化专用PVC树脂
6	杭州电化新材料有限公司	1.8	气固相法,氯化专用树脂粉全部外购于中国石化齐鲁石油化工公司、台塑工业(宁波)有限公司
7	江西理文化工有限公司	1.0	氯化专用PVC树脂全部外购
8	新疆中泰新鑫化工科技有限公司	2.0	自产氯化专用PVC树脂
9	山东亚大新材料有限公司	1.0	氯化专用树脂粉外购于新疆中泰新鑫化工科技有限公司、中国石化齐鲁石油化工公司、台塑工业(宁波)有限公司
10	山东璞洁橡塑有限公司	2.0	2023年正在扩产，扩产后年产能将接近4万t；氯化专用PVC树脂外购自中国石化齐鲁石油化工公司，年需求量为3万t

续表1-3-4

编号	厂家	产能/(万 $t \cdot a^{-1}$)	备注
11	伊犁泰旭新材料科技股份公司	3.0	山东旭业新材料股份有限公司技术入股，占股32.8%；拥有12台12.5 m^3反应釜
12	内蒙古晨宏力化工公司	2.0	自主开发氯化专用PVC树脂，采用70 m^3反应釜，氯化专用PVC树脂产能为4万t/a
13	潍坊山道化学有限公司	3.5	采用25 m^3反应釜
14	山东日科化学股份有限公司	1.0	—
15	盘锦瑞斯特化工有限公司	2.0	2022年起，全部用于CPE生产
合计	—	31.3	—

尽管大部分CPVC树脂使用水相悬浮法工艺生产，但国产CPVC树脂在PVC树脂的选用及氯化工艺上有一定的要求。总体来说，国产CPVC树脂相对于国外产品有较明显的缺陷，如国产CPVC树脂氯含量只能达到67%左右，超过68%时其加工性能就会变得极差。而美国路博润等公司生产的CPVC树脂氯含量可超过70%，其耐老化性、耐热性、耐燃性均有较大提高。在国内，CPVC树脂大多是由CPE树脂厂家附带生产，国产CPVC树脂生产装置一般产能较小、生产技术不成熟。

1.3.3 CPVC树脂存在的问题

由于CPVC树脂的氯含量比普通的硬PVC树脂提高了24%，使得CPVC树脂的加工难度远大于普通的硬PVC树脂，CPVC树脂的物料黏度也比普通的硬PVC树脂的更高。由于CPVC树脂的物料流动性不好，与设备之间的摩擦力很大，导致加工电流、挤出机螺杆扭矩更高，挤出过程产生的大量摩擦热会导致物料在挤出生产中发生分解现象。CPVC树脂的物料挤出生产必须严格控制塑化速度，设备模具方面要有防止螺杆、料筒及挤出模具表面受释放氯腐蚀的防腐层，也要有消除多余摩擦热的循环系统和温度控制系统。此外，由于CPVC管材混配料本身的加工温度比普通硬PVC管材要高出10~15 ℃，因此挤出机各区段合理工艺的温度设置十分重要。塑化段的温度设置：若偏低，则物料塑化不良，管材外观粗糙无光泽，制品抗冲击性能和静液压性能不合格；若偏高，则塑化提前，物料早分解，挤出过程容易粘料，管材内壁有气穴，断面有气泡，制品物理力学不合格。因此，研究CPVC树脂的加工特性，合理选择其品种进行配方和工艺设计，对CPVC树脂行业的迅速发展具有重要意义。

第2章 生物可降解塑料膜袋制品加工工艺与技术问题解答

生物可降解膜袋制品的加工过程包含混料、造粒、吹膜三段工序。混料工序主要是将原料与各种助剂通过高速搅拌使各组分混合均匀，以保证各种助剂能够在后续工序中最大限度地发挥其作用。造粒工序则是将混料工序送来的混合料经过螺杆挤出机反应熔融挤出后进行切粒，制成粒径大小统一的粒子。造粒完成后的粒子经过吹膜机，吹塑成合格的膜产品，完成膜制品的加工过程。另外对于垃圾袋和购物袋来说，在吹膜工序完成后，还包括最后一步——制袋工序，以生产出尺寸可满足人们需求的产品。

2.1 混料工艺控制要点

2.1.1 混料工艺简介

混料过程是将基体树脂与热稳定剂、改性剂、润滑剂、填充剂、色母等助剂混合均一化的过程，使用的设备主要包括高速混合机、冷却搅拌机。混料过程并不复杂，但混合的效果往往影响着制品的质量。混料过程中，机械力作用在物料上，物料之间产生的摩擦力、剪切力使其细化、升温，与此同时，一些助剂熔化，包覆于树脂表面。树脂在细化、升温时，表面呈现出松软多孔的结构，这种结构将助剂吸附在树脂表面以达到均一化，温度进一步升高，颗粒表面熔化，颗粒的密度增大。

混料过程是在高速混合机（也称混料机）中进行，高速旋转的叶轮借助其表面与物料的摩擦力和侧面对物料的推力使物料沿叶轮切向运动。同时，由于离心力的作用，物料被抛向混合室内壁，并且沿壁面上升，升到一定高度后，由于重力的作用，又落回到叶轮中心，接着又被抛起。由于叶轮转速很高，物料运输速度很快，快速运动着的粒子间相互碰撞、摩擦，使团块破碎，物料温度相应升高，同时迅速地进行着交叉混合，这些作用促进了组分的均匀分布和对已熔化成液态的添加剂的吸收。高速混合机的混合效率较高，通常一次混合时间只需4～6 min，由于生物可降解混配料的混料温度不宜过高，一般情况下出料温度控制在45～55 ℃。物料达到该温度范围后，须迅速将其放入冷却搅拌机。物料进入冷混机后，在缓慢转动的搅拌桨作用下，可进行径向和部分轴向的混合，使接触冷却夹套的冷料与远离冷却表面的热料进行有效的热交换，降低物料的温度。物料温度降至45 ℃以下时，即可由排料口排出。

2.1.2 混料机简介及主要控制点

2.1.2.1 混料机简介

高速混合机由三个搅拌桨叶和一个导流板组成。混料时，物料加入混合机后，在桨叶的作用下高速旋转，并由内向外、由外向上、由上向内地翻动，因摩擦生热，待达到物料混合所需的温度和工艺要求后，通过卸料阀门进入低速冷混机中，通过盘管式冷却的方法在冷混机中降温冷却。混料机的实物图如图2-1-1所示，其关键指标见表2-1-1。

2.1.2.2 混料机主要控制点

（1）转速。转速对于混料机来说是重要的控制要点之一，其直接决定了物料在混合仓内的运动状态，以及物料受到仓内叶片作用力的大小。混料机在混料过程中速度过低，物料之间无法混合均匀，而过高的速度会使物料对流、扩散和剪切运动变形，在未进行加工前就已经发生分解。此外，物料在某个范围的温度下混合性能才能达到最好，该范围的温度通过搅拌桨与物料、物料与物料之间的摩擦来实现，而转速则是控制温度变化的关键要素。因此，就不同材料选取正确的转速是提高混合均匀度的重要条件，该设备的高速转速范围为0～930 r/min，低速转速恒定为74 r/min。

图2-1-1 混料机

表2-1-1 混料机的关键指标

序号	类别	指标
1	设备型号	SRL-Z200/500
2	尺寸/mm	2800×2300×4700
3	热混温度/℃	105
4	冷混温度/℃	45
5	最大单次处理量/kg	100
6	电源电压/V	380
7	高混转速/($r·min^{-1}$)	930
8	低混转速/($r·min^{-1}$)	74
9	气源气压/MPa	0.39～0.49
10	高混总容积/L	500

续表2-1-1

序号	类别	指标
11	高混有效容积/L	150
12	低混总容积/L	500
13	低混有效容积/L	375

（2）温度。物料在混合时，温度起到关键性的作用。不同物料混合，所需控制的温度也不同，在混合过程主要是通过控制转速的快慢来控制温度，转速快则升温快，转速慢则升温慢。良好的温度控制是物料在某种温度下混合均匀且各类助剂达到最好性能的关键。例如生物可降解物料混料时，热混的温度需要控制在65 ℃左右，热混温度过低，某些助剂不发生反应；温度过高，又会引起某些助剂的分解，因此混料过程中温度对物料混合至关重要。

（3）混合时间。在混合过程中，混合质量随着混合时间的增加迅速提升，一直达到最佳均匀状态。若仍要持续混合，筒体内物料会产生凝结，混合好的物料可能会有所减少，这样会降低混合效果。因此，最佳混合后应该及时排出混合好的物料，否则会产生物料结块的现象。

2.1.3　混料工艺常见问题及解决办法

（1）高速混合机操作过程中应该注意哪些问题?

①开机前须认真检查混合机各部位是否正常。首先，检查各润滑部位的润滑状况，若状况不佳，应及时对各润滑点补充润滑油；其次，检查混合仓内是否有异物，搅拌桨叶是否被异物卡住，如需更换产品的品种或颜色时，必须将混合仓及排料装置内的物料清洗干净；再次，检查三角带的松紧程度及磨损情况，确保其处于最佳工作状态。此外，还应检查排料阀门的开启与关闭操作是否灵活、排料阀门的密封是否严密、各开关和按钮是否灵敏，采用蒸汽和油加热的混合机应检查加热介质是否有泄漏。

②设备检查一切正常后，方可开机。开机时首先调整折流板至合适的高度，然后打开加热装置，使混合仓升温至所需的工艺温度。

③投料时要严格按工艺要求的投料顺序及配料比例将物料加入混合仓

中，同时应避免物料集中在混合仓的同一侧，以免搅拌桨叶受力不平衡。物料尽量在较短的时间内加入混合仓后，锁紧回转锅盖及各加料口。

④启动搅拌桨叶时应先低速启动，无异常声响后，再缓慢升至所需的转速。混合机在高速工作过程中严禁打开回转锅盖，以免物料飞扬。如出现异常声响应及时停机检查。

⑤在物料混合过程中要严格控制物料的温度，以避免物料出现过热的现象。

⑥物料混合好后，打开气动排料阀门排出物料，停机时应先使用压缩空气对混合仓内壁、排料阀门进行清扫，再关闭各开关及阀门。

（2）高速混合机的加料量是如何确定的?

高速混合机的加料量应在保证混合温度的前提下，尽量提高生产效率。

①当物料的体积为混合器容积的50%以下时，摩擦生热较小，达到预设的混合温度（如120 ℃）需要15 min以上。

②加料量占混合器容积的50%～70%时，达到120 ℃则仅需8～10 min。

③加料量在混合器容积的70%以上时，混合效果变差，升温速度也不再明显提高，同时，混合机电机的电流过大。

④一般应将加料量控制在混合室容积的50%～70%。安全起见，一般加入3袋（3×25 kg）树脂和所配合的各种助剂（20～30 kg），总重量为95～105 kg较合适。

（3）混料时原料的准备需满足什么条件?

①干混料的主要成分为PBAT树脂，混料时原料应有均匀的颗粒度、适当的相对分子质量范围且内部多孔、质量符合国家标准。

②原料树脂的含水量必须符合生产要求，否则会加大高速混合后出料的难度。

③各种助剂，特别是皂类稳定剂，其颗粒应极细，且有效成分的含量稳定并合乎一级品的标准。

④助剂的含水量要低，含水量高时应预先进行干燥处理。

（4）混料机混完料后，为什么会出现料“发黄”的现象？怎样解决这个问题？

原因：

①高混机温度感应探头损坏，未感应到温度，持续混合的时间太长，部分树脂或者助剂失效。

②加工过程中所加助剂本身的特性导致，因为助剂本身受热会发黄。

解决措施：

①检查温度感应探头是否损坏，检查温控显示器读数是否正常。

②提前更换助剂或者混料时及时调节热混机的转速使其小于20 r/min。

（5）混料过程中使用高速混料机时，混料温度和转速应该怎样进行合理调整？

无论是生物可降解地膜，还是生物可降解垃圾袋、购物袋，其专用料混料机目前一般采用高低速混料机和锥形混料机两种。采用高低速混料机时，高速混料机在高速混合条件下，依靠物料摩擦生热，在仓内温度达到设定值后，自动排料进入低速混料机，在冷却水作用下冷却至室温，后完成出料。在此过程中，高速混料机的搅拌速度、设定出料温度是影响混料效果的重要因素。下面选取对比性较为明显的两个混料条件予以说明，如表2-1-2所示。

表2-1-2　混料条件对比

编号	转速/($r·min^{-1}$)	设定出料温度/℃	混合时间/min
1	500	50	5
2	150	50	5

设定出料温度为50 ℃、转速为500 r/min，短时间内高速混合机内物料的温度快速升到50 ℃后出料，发现物料有结块，高速混合机内部也有粘壁现象，说明在此条件下混合料内部已发生反应，且内部真实温度远超50 ℃。当设定转速为150 r/min时，高速混合机温度在规定时间内无法升至50 ℃，出料后物料混合均匀、无结块、无粘壁，混料效果较好，如图2-1-2所示。综合来说，物料混合需要在较低的温度和合适的转速下进行，最佳混料转速为150 r/min，混料时间为5 min。

图2-1-2 混合的物料

2.2 造粒工艺控制要点

2.2.1 造粒工艺简介

造粒过程是将高聚物树脂与各种助剂，经过计量、混合、塑化、切粒制成颗粒状塑料的生产过程。塑料颗粒是塑料成型加工的半成品，也是挤出、注塑、中空吹塑、发泡等成型加工生产的原材料。挤出造粒机可用单螺杆和双螺杆挤出机，主要控制点包括挤出温度、喂料频率、螺杆转速、切刀转速和粒料冷却，目的是使粒料不发生粘粒、尺寸均匀、塑化较好。

2.2.2 造粒机简介及主要控制点

2.2.2.1 造粒机简介

风冷式造粒机是一种可将物料加工成特定形状的成型机械，其工作原理是将混合好的粉料自料斗进入螺杆后，在旋转着的螺杆作用下，通过料筒内壁和螺杆表面的摩擦作用向前输送，分别经过熔融段、均化段后，最后到模口段，从模口出来的样条在冷却风床上冷却后，直接进入切粒机，将样条切成颗粒状，最后在振动筛上按照大小筛分完成。风冷式造粒机由上料机、双螺杆主机、冷却风床、切粒机、振动筛组成，如图2-2-1所示，其主要技术指标见表2-2-1。

图2-2-1　风冷式造粒机

表2-2-1　风冷式造粒机的主要技术指标

	类别	指标
风冷式造粒机主机	型号	YXVE200L1-6
	电机功率/kW	18.5
	螺杆转速/($r·min^{-1}$)	60～600
	最大产量/($kg·h^{-1}$)	50
	螺杆直径/mm	35.6
	长径比	48:1
喂料减速机	型号	WB100-LD-17-550
	功率/kW	0.55
	减速比	17:1
	输送风床尺寸/mm	15000×450×1650

续表2-2-1

	类别	指标
轴流风机	型号	SFG2.5-2
	功率/kW	0.25×12台
	转速/($r \cdot min^{-1}$)	2800
	切粒机规格/mm	1000×900×1500
	功率/kW	4
	振动筛规格/mm	1500×700×700
	震动效率/($kg \cdot h^{-1}$)	150

2.2.2.2 主要控制点

(1) 温度。从粉状或粒状的固态物料开始，高温样条从机头中挤出经历了一个复杂的温度变化过程。严格来讲，挤出成型温度应指塑料熔体的温度，但该温度却在很大程度上取决于料筒和螺杆的温度，只有一小部分来自料筒电混合时产生的摩擦热，所以经常用料筒温度近似表示塑化温度。由于料筒和塑料温度在螺杆各段存在差异，要使塑料在料筒中输送、熔融、均化和挤出的过程顺利进行，以便高效率地生产高质量造粒料，控制好料筒各段温度是关键，料筒温度的调节是靠挤出机的加热冷却系统和温度控制系统来实现的。

通常降解物料造粒时的温度范围主要在145～175 ℃之间，且螺杆温度呈“S”形设置，机头温度必须控制在物料分解温度以下，而口模的温度可比机头的温度稍低些，但应保证塑料熔体具有良好的流动性。

(2) 主机转速。对于螺杆直径为35 mm的双螺杆挤出机，主机转速决定了产量，主机转速越高，产量越大。实践证明，对于任何双螺杆挤出机来说，并非产量越大越好，主机最高转速一般控制在60%～70%为宜。转速过大，物料在螺杆中停留时间太少，自然也就会塑化不好。主机转速还应与喂料机转速和切粒机转速相匹配，否则会出现“冒料”或粒子过大过小等异常现象。

(3) 喂料转速。宏观上讲，主机转速反映了物料从主机螺杆出来的速度，而喂料转速则反映了喂料螺杆向主机螺杆传送物料的速度，故喂料转速和主机转速紧密相关，关键在两者转速是否匹配。当喂料转速相对主机螺杆转速过小时，主机螺杆中物料没有完全填满螺杆间隙，主机螺杆中物料相对较少，主机负荷小，这时物料在螺杆中呈现的是一种低压力剪切状态，达不到良好的分散效果。当喂料螺杆转速相对主机螺杆转速过大时，喂料螺杆传送到主机螺杆间隙中的物料，总是来不及被主机螺杆传送出去，来不及传送出去的物料在巨大的挤压、压实作用下四处冲撞寻找突破口，这个时候就会从真空道中溢出，例如在降解造粒过程中，对于螺杆直径为35 mm的双螺杆造粒机，螺杆的主机转速主要在240～260 r/min之间，而螺杆转速主要控制在3～5 r/min，在此条件下，压力在1～2 MPa之间时，挤出粒条的形状均匀、质量良好，且出料顺畅。

2.2.3　造粒工艺常见问题及解决办法

（1）造好的塑料颗粒中为什么会有“黑点”产生？怎样解决这个问题？

在造粒过程中，产生的“黑点”是指从挤出机挤出的长条上附着的黑色颗粒物，其产生的原因有：

①PBAT、PLA等原料在出厂前就带有黑色杂质，导致造粒后粒料表面带有“黑点”。

②双螺杆局部过热或者剪切太强，造成物料碳化加重。研究PLA/PBAT共混物的热重曲线发现，出现的两个热失重平台分别与PLA、PBAT的热失重平台相对应，这是由于PLA和PBAT热力学不相容导致。另外加入10%的PBAT之后，PLA体系的最终热降解温度从395 ℃上升至429 ℃，这表明PBAT的加入有利于提升PLA的热稳定性，同时随着PBAT的含量在PLA/PBAT共混物里面不断提高，PLA与PBAT链段之间的缠绕阻碍了分子链的运动，从而使得PLA/PBAT共混物的初始降解温度、最终降解温度及最终残留量都不断提高。但是当双螺杆局部过热或者剪切太强，且超过PLA和PBAT的降解温度时，会使二者在造粒机中发生碳化而产生“黑点”。

③造粒机机头处滞留物料太多，从螺杆挤出机挤出的长条料里带有滞留物料，造成物料碳化加重而产生“黑点”。

④造粒机的真空排气口长时间不清理，堆积的碳化物增多，从而产生了“黑点”。

⑤造粒前未做好充分准备，外部环境或者人为造成杂质混入而产生“黑点”。

⑥出料口不够光滑，长时间可能积存物料，被逐渐碳化出现“黑点”。

解决措施：

①检查原料中具体是哪种助剂出现了问题，重新更换新原料后再混料。

②检查螺杆段加热区的温控显示是否正常，或使用测温枪检测加热温度是否正常。

③每次开机后，当加热到150～170 ℃时，人工清理造粒机机头。

④每次开机前应清理真空排气孔与真空排气管道，确保真空排气顺畅。

⑤检查原料是否有杂质，并在配料或混料时防止将杂质混入。

⑥检查并清理出料口，若出料口有磨损，应及时更换口模。

（2）在造粒过程中样条为什么会出现断条？怎样解决这个问题？

原因：

①PBAT、PLA等原料在出厂前的质量有问题，导致造粒后颗粒质量差、样条发生断条。

②温度设置过高或者温度区间设置不合理，导致内部塑化严重，从挤出机挤出时样条有碳化物的地方发生断条。

③挤出温度偏低或螺杆剪切力太弱，物料未充分塑化、出现料疙瘩，在牵引力作用下造成断条。

④各种原料的物理性质存在差异或者发生变化，影响其在螺杆中塑化的程度。

⑤加工温度太高或者螺杆局部剪切力太强或螺杆局部过热，造成某些阻燃剂等助剂分解、释放气体，真空未及时将气体抽出，气体困在料条里在牵引力作用下造成断条；物料受潮严重，加工水汽未及时经过真空排除，困在料条里，在牵引力作用下造成断条；真空排气不畅（包括堵塞、漏气、垫片太高等），造成气体或者水汽困在料条里，在牵引力作用下造成断条。

⑥物料刚性太大，风床速度过快，与挤出速度不匹配。

解决措施：

①检查混料和放料各环节的设备死角是否清理干净、是否有杂质混入；尽量少加破碎料或人工对破碎料进行初筛，除去杂质；增加滤网目数及张数；尽量盖住可能有杂物掉落的孔洞（实盖或网盖）。

②针对工艺或设备导致的碳化严重现象，应在挤出过程中适当降低基础温度，及时从出料口观察样条的状态，并调整塑化工艺。

③调整挤出温度或螺杆转速，使其达到最佳塑化条件。

④共混组分在同一温度下流动性差异太大，若流动性不匹配或未完全相容，在螺杆剪切相对较弱的前提下，可能出现断条；对同一材料而言，如果相分离度（MFR）变小，硬度、刚性和缺口将变大，有可能该批次的分子量较之前有所偏大，造成共混组分黏度变大，在原有的加工温度和工艺作用下，将造成塑化不良，此时提高挤出温度或降低主机螺杆转速可解决问题。

⑤适当降低各区间的加工温度，同时减少喂料量，使体系的温度降下来。另外，检查真空排气口是否有堵塞、漏气现象，若有则及时清理堵塞物、处理漏气。

⑥调整风床的速度，使风床对样条的牵引力与挤出速度相匹配。

（3）造粒工序中为什么会发生“冒料”现象？怎样解决这个问题？

“冒料”是指物料不从螺杆挤出机的机头处出来而直接从真空排气口冒出。发生“冒料”的原因有：

①真空抽力太大，直接把物料吸进真空管道，造成“冒料”。

②真空段温度太高，物料黏度下降，此段螺杆打滑，物料不能及时被输送至前段，在真空抽力作用下造成“冒料”。

③挤出机加工温度太低，树脂未塑化或助剂未在树脂中充分分散，在真空抽力作用下造成“冒料”。

④口模堵塞、过滤网堵塞、机头温度太低等因素导致机头压力太大，造成回流增加，在真空抽力作用下造成“冒料”。

解决措施：

①调小真空阀门，防止物料从真空口吸出堵塞真空口。

②减小真空度温度，造粒机的螺杆分为加料段（固体输送区）、熔融段

（熔融区）和均化段（熔体输送区）。真空段温度区间基本属于均化段温度，均化段温度设置要略低于熔融段温度。

③挤出加工温度太低，导致部分物料未被塑化，此时应提高加工温度，并设置在150～170 ℃之间，温度一般为“S”形设置。

④提高机头加热温度，清理机头过滤网或者机头出料孔。

（4）从造粒机头出来的拉条为什么较软？怎样解决这个问题？

原因：

①螺杆加热段温度设置不合理或者温度设置过高，导致塑化过度。

②PBAT原料熔融指数过低，导致在造粒时出现熔融过度、样条较软的现象。

解决措施：

①重新设置加热温度，加热区段按照输送段、熔融段、均化段进行温度设置，设置的温度区间为150～170 ℃。

②PBAT原料应现买现用，防止堆积，并且在使用之前要检测熔融指数是否合格，适宜的熔融指数在3～510 g/min之间。

（5）从造粒机头挤出的长条为什么会成“麻花状”，甚至“疙瘩状”？怎样解决这个问题？

在生物可降解地膜造粒工艺中，不同造粒条件设置对比见表2-2-2，无论熔体温度是165 ℃，还是170 ℃，当螺杆转速为350 r/min，喂料频率在20 Hz时，螺杆挤出的长条均为“麻花状”，如图2-2-2中的右上图所示。挤出的长条呈“麻花状”的具体原因有：

①螺杆转速过快，物料在螺杆挤出机中停留时间太短（不足30 s），部分助剂没有充分反应融合。

②喂料频率过大，大量的物料进入螺杆挤出机后，熔体压力过大，导致挤出“麻花状”长条。

解决措施：

①适当降低转速。例如，当螺杆转速从350 r/min降低至220 r/min时，物料在螺杆挤出机中停留时间约为90 s，有足够的时间让物料充分混合，挤出的长条光滑均匀。170 ℃的熔体温度相对于165 ℃的而言，熔体压力相应处在

较低区域（偏向于2.4 MPa），物料流动性更好。

②减小喂料频率。例如，将喂料频率从20 Hz调整到5 Hz时，进入挤出机的物料减小，熔体压力降低，物料在螺杆内可混合均匀。挤出的长条表面光滑、粗细均匀。

表2-2-2 不同造粒条件设置对比

编号	熔体温度/℃	熔体压力/MPa	螺杆转速/($r \cdot min^{-1}$)	喂料频率/Hz
1	165	3.0～3.4	350	20
2	165	2.4～2.8	220	5
3	170	2.6～2.9	350	20
4	170	2.2～2.4	220	5

图2-2-2 造粒挤出样条、麻花状挤出样条及粗细不均的疙瘩状样条

（6）粒料表面为什么会带有连丝拖尾？怎样解决这个问题？

针对生物可降解袋制品的造粒工艺，其设置条件如表2-2-3所示，当熔体温度为160 ℃时，熔体压力接近0.8 MPa，从螺杆挤出机出来的长条很软，以至于和开机废料堆积粘连在一起，逐渐熔为一板块状，经过风冷切粒后，粒料表面带有连丝拖尾。粒料表面之所以带有连丝拖尾，是因为物料在螺杆中因高温发生降解，从螺杆挤出机出来的物料质地变软，在风床冷却后的长条经切粒机后形成的粒料表面带有连丝拖尾。

解决措施：

降低熔体温度，例如将熔体温度调整为140 ℃，将该温度作为下一步的挤出造粒的加工熔体温度。当螺杆转速为220 r/min，喂料频率在5 Hz时，物料在螺杆挤出机中停留时间约为90 s，且熔体压力接近1.9 MPa，与螺杆转速为350 r/min的加工工艺相比，该条件下物料具备更长的塑化时间和更大熔体压力，挤出的长条光滑均匀，切粒后的粒料未出现连丝现象。因此，熔体温度为140 ℃、螺杆转速为220 r/min、喂料频率为5 Hz，是最佳生物可降解袋制品造粒工艺参数。

表2-2-3　造粒条件对比

编号	熔体温度/℃	熔体压力/MPa	螺杆转速/($r·min^{-1}$)	喂料频率/Hz
1	160	0.8～1.9	350	20
2	160	0.8～1.9	220	5
3	140	0.8～1.9	350	20
4	140	0.8～1.9	220	5

2.3　吹膜工艺控制要点

2.3.1　吹塑薄膜工艺简介

吹塑薄膜工艺大致为：料斗上料→物料塑化挤出→吹胀牵引→风环冷却→人字夹板→牵引辊牵引→薄膜收卷。薄膜性能与生产工艺参数有着很大的关系，因此，在吹膜过程中必须要加强工艺参数控制、规范工艺操作，保证生产的顺利进行，并获得高质量的薄膜产品。

2.3.2　吹膜机简介及主要控制点

2.3.2.1　吹膜机简介

生物可降解塑料薄膜采用平挤上吹的吹膜形式，该吹膜形式的特点是薄膜挤出时机头的出料方向与挤出机料筒的中心轴线方向相垂直，挤出时管坯垂直向上引出。在实际生产时由于整个膜筒挂在上部已冷却的牵引辊上，故牵引时膜筒摆动小、牵引稳定，能够得到多种厚度规格和宽幅的薄膜。另外挤出机操作面低、操作方便，但要求厂房具有较高的空间高度，因为热空气的向上流动会对上部分膜筒的冷却产生影响，使薄膜冷却变缓、生产效率降低，而足够高的空间便于热空气更快地散失。吹膜机的实物图如图2-3-1所示，其主要的技术指标见表2-3-1。

图2-3-1　塑料吹膜机实物图

表 2-3-1 塑料吹膜机主要技术指标

序号	类别	指标
1	设备型号	SJ-65-1200
2	设备尺寸/mm	7000×2900×6000
3	最大产量/($kg \cdot h^{-1}$)	100
4	设备功率/kW	30
5	螺杆直径/mm	65
6	螺杆长径比	30:1
7	螺杆转速/($r \cdot min^{-1}$)	10～110
8	加工薄膜厚度/μm	0.010～0.015
9	齿轮减速比	10:1
10	模具规格/mm	250
11	模具间隙/mm	1.8
12	收卷最大宽度/mm	1300
13	最大收卷速度/($m \cdot min^{-1}$)	70
14	最大卷径/mm	500

2.3.2.2 主要控制点

（1）挤出机温度。吹生物可降解薄膜时，挤出温度一般控制在145～170 ℃之间，且必须保证机头温度均匀。挤出温度过高，树脂容易分解，且薄膜发脆，尤其会使纵向拉伸强度显著下降；温度过低，则树脂塑化不良，不能顺利地进行膨胀拉伸，薄膜的拉伸强度降低，且表面的光泽性和透明度变差，甚至出现像木材年轮般的花纹以及未融化的鱼眼。

（2）吹胀比（α）。吹胀比是指吹胀之后膜泡的直径（D_2）与吹膜机环形口模直径（D_1）的比值，即$\alpha=D_2/D_1$。在吹膜机机头处有通入压缩空气的气道，通入气体会使管坯吹胀形成膜筒，调节压缩空气的通入量可控制膜筒的膨胀程度，适合的吹胀比是保证吹塑薄膜生产成功的控制要点之一。吹胀比可用来显示挤出管坯直径的变化，也可用来表明黏流态下大分子受到横向拉伸力的大小。吹胀比表示薄膜的横向膨胀倍数，实际上是对薄膜进行横向拉伸，拉伸会对塑料分子产生一定程度的取向作用，吹胀比增大，会使薄膜的横向拉伸强度提高。但是，吹胀比也不能过大，否则容易造成膜泡不稳定，且薄膜容易出现褶皱。

（3）牵引比。牵引比是指薄膜的牵引速度与膜坯挤出速度的比值。牵引比表示薄膜的纵向拉伸倍数，使薄膜在引取方向上具有定向作用力。若牵引比增大，则纵向拉伸强度也会随之提高，薄膜的厚度变薄；但如果牵引比过大，薄膜的厚度将难以控制，甚至有可能会将薄膜拉断。

（4）露点。露点又称霜白线，指塑料由黏流态进入高弹态的分界线。在吹膜过程中，生物可降解薄膜从模口中挤出时呈熔融状态，当离开模口之后，要通过冷却风环对膜泡的吹胀区进行冷却，冷却空气以一定的角度和速度吹向刚从机头挤出的塑料膜泡时，高温的膜泡与冷却空气相接触，膜泡的热量会被冷空气带走，其温度会明显下降到生物可降解物料的黏流态温度以下，从而使其冷却固化。

2.3.3 吹膜加工技术问题解决

（1）塑料挤出吹膜过程中，为什么收卷后的薄膜会厚度不均匀？怎样解决这个问题？

吹塑薄膜是将塑料原料通过挤出机熔融挤出，吹胀成薄膜，然后经压缩空气冷却定型后即得薄膜。降低薄膜的厚度有利于降低薄膜的成本。对于薄膜来说，厚度均匀性是一个重要的质量评判指标。厚度不均匀就会造成薄膜的局部区域特别薄，容易成为薄膜的薄弱点而引发破裂，从而影响薄膜的质量。塑料挤出吹膜过程中收卷后的薄膜厚度不均匀的原因有：

①原料中杂质太多，过滤网被击穿，导致挤出薄膜不均匀。

②吹膜机螺杆塑化温度太低或各区段塑化温度的曲线设定不当，使得原料塑化不良。

③吹膜机的牵引速度太快，膜泡各处拉伸不均匀，导致薄膜厚度不均匀。

④稳泡器的夹板控制不当，稳泡器太大或太小都不利于膜泡的定型。

⑤模头加热器损坏造成原料塑化不良。

⑥牵引辊的牵引速度过快，频繁调节其牵引速度，导致薄膜厚度不均匀。

⑦吹膜机口模的间隙不均匀，导致从挤出机挤出的薄膜厚度不均匀。

⑧受吹膜机螺杆转速的影响，薄膜厚度不均匀。

解决措施：

①需要更换原料或更换滤网，消除杂质对薄膜厚度的影响。

②提高塑化温度，使得模口出料均匀。

③适当地降低牵引速度，防止膜泡各处拉伸不均匀导致薄膜厚度不均匀。

④调节适中大小的稳泡器，使得稳泡器直径接近膜泡直径。

⑤更换模头加热器，使得物料塑化良好。

⑥避免牵引速度突然加快，应采取循序渐进地提升牵引速度的操作方式。

⑦调节吹膜机口模的间隙，使口模间距尽可能均匀。

⑧实验证明，吹膜机螺杆转速也是影响薄膜均匀性的重要因素，现举例说明。设置螺杆转速分别在11 Hz、14 Hz、16 Hz时进行购物袋吹膜，发现薄膜厚度存在较大的差异。在购物袋的不同部位等间距选取7个点进行厚度测量，如图2-3-2所示，测量到的结果如表2-3-2所示。

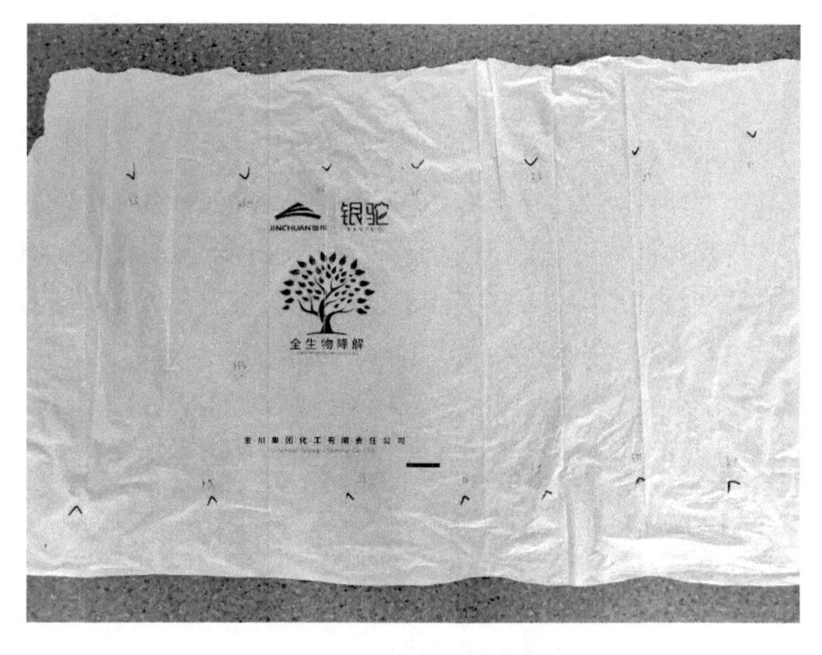

图2-3-2 薄膜厚度的等间距检测

表2-3-2　螺杆转速对薄膜厚度的影响

螺杆转速/Hz	等间距检测点的厚度/μm						
	1号	2号	3号	4号	5号	6号	7号
11	35.2	33.4	32.5	31.1	25.8	27.3	35.2
14	28.5	29.3	31.0	30.6	30.8	31.3	28.5
16	30.4	29.0	29.5	30.0	30.4	30.0	30.4

通过对不同螺杆转速下所对应的薄膜厚度进行散点作图，获得如图2-3-3所示结果。从散点图可以看出，随着螺杆转速从11 Hz增大到16 Hz，薄膜的厚度逐渐线性趋近于30.0 μm，薄膜的均匀性变好。同时，螺杆转速在11 Hz的转速下，薄膜的厚度离散性最大，厚度均匀性最差。因此，螺杆转速为16 Hz可作为实验的最佳加工转速。

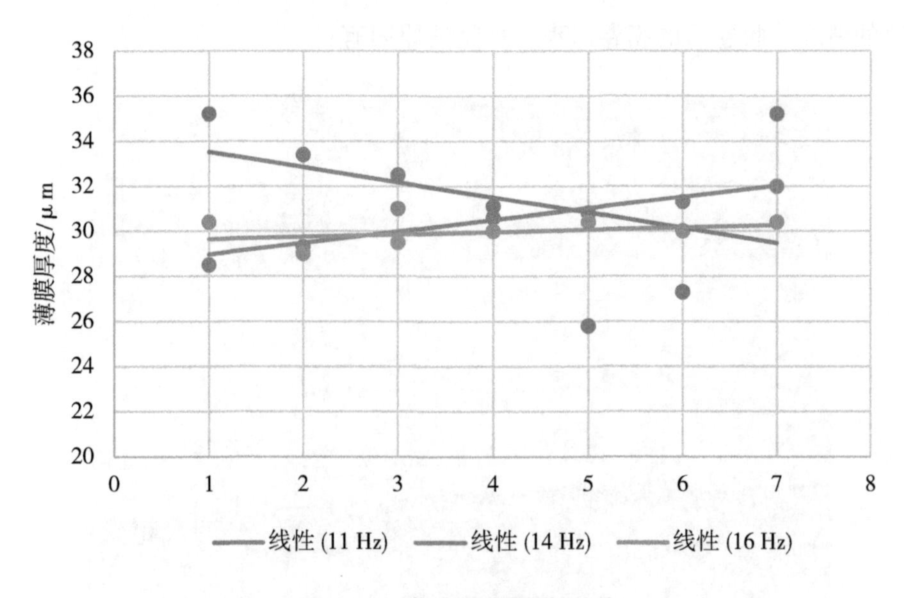

图2-3-3　薄膜厚度离散性趋势

（2）吹膜过程中，为什么吹胀后的膜筒会发生偏斜？怎样来解决这个问题？

吹膜过程中，原料从模头挤出，膜筒垂直向上牵引，经向上牵引被压扁后进入后续环节。若膜筒没有垂直向上，将造成膜厚度不均，产生收卷偏差。吹胀后的膜筒发生偏斜的具体原因有：

①挤出量不稳定，使得模口出料不均匀。

②开机提膜过程中，膜筒倾斜后即刻夹紧牵引，导致膜筒常处于倾斜状态。

③鼠笼稳泡器夹板倾斜，使得膜筒偏移。

解决措施：

①通过紧固偏向另一侧的分配器螺栓，调整模口间隙。

②开机提膜时，须在牵引辊夹紧前垂直拉膜，使膜筒无倾斜。

③适度调节鼠笼稳泡器夹板的位置，使各夹板刚好能接触膜筒。

（3）吹膜过程中，为什么收卷后的膜卷会出现不平整？怎样来解决这个问题？

薄膜牵引进入收卷后，表面出现折皱、鼓起、“暴筋”（图2-3-4）等不平整的情况。收卷后的膜卷出现不平整的原因有：

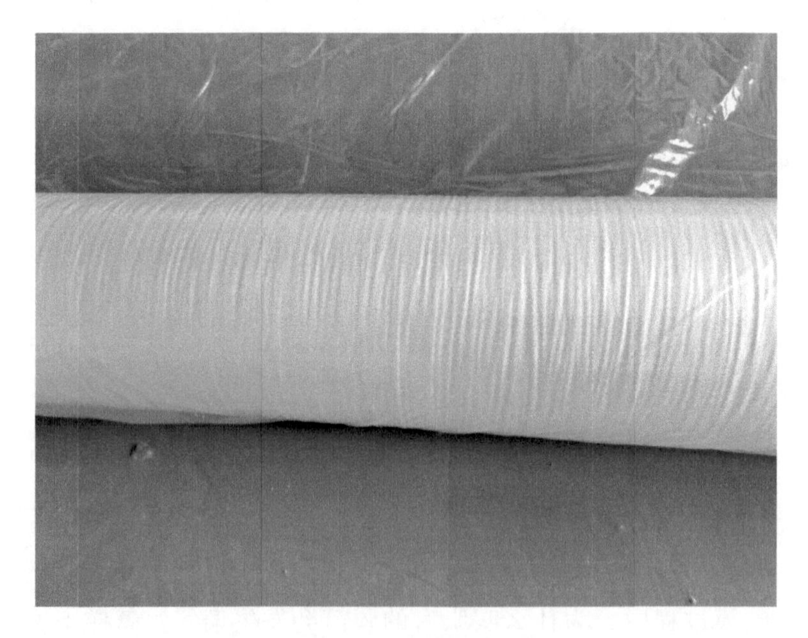

图2-3-4 地膜卷表面“暴筋”现象

①薄膜厚度不均匀，在逐渐收卷过程中，不均匀的厚度逐渐累积，最终造成一端紧、一端松的收卷情况。

②牵引辊夹紧力不均匀，展开辊两侧的薄膜受到的拉力不同，使得膜卷收卷后出现不平整。

③膜片内部在两个牵引辊之间的是一个密闭体系，空气无法排除，若把膜筒中的空气夹带到膜片中，薄膜牵引进入收卷后将造成表面褶皱。

解决措施：

①调整模口间隙，使得薄膜厚度均匀。

②调整牵引辊两端的夹紧力，使牵引辊面上的夹紧力均匀一致，防止薄膜跑偏造成收卷的不平整。

③调整牵引的夹紧力，并使用刀片排除膜管内气体，防止膜卷因气体造成表面的“暴筋”现象。

（4）吹膜过程中，膜泡为什么会出现摆动？如何解决这个问题？

吹膜过程中，由于外界环境及吹膜条件的影响，会造成膜泡的摆动，为提高加工稳定性，吹膜过程应当尽量减少膜泡颤动与摆动。膜泡的摆动有4种情况：膜泡拉伸共振、螺旋状膜泡、霜线震荡、膜泡喘动。膜泡出现摆动的具体原因如下：

①吹膜机中物料塑化温度太高，导致膜泡冷却定型时间延长。

②冷却风环的冷却效率不够，造成了膜泡摆动。

③模头温度太低，出料困难，导致膜泡跳动加剧。

解决措施：

①以1 ℃的梯度降低吹膜机加热段螺杆的温度。

②更换冷却风环、调整出风口间隙、加大冷却风机风压和风量。

③提高模头温度，增加螺杆转速。

（5）为什么吹膜过程中泡管会呈葫芦形（拉伸共振），怎样来解决这个问题？

原因：

①泡管呈规律性的葫芦形是由牵引辊的夹紧力太小，或牵引辊的转速受到机械传动阻力规律性变化的影响引起。

②泡管呈无规律的葫芦形是由牵引速度不稳定、冷却风环的风压太大引起。

解决措施：

①适当增加牵引辊的夹紧力，检修牵引装置的机械传动部分，使牵引辊的转速平稳。

②调整牵引速度，使其运行稳定，同时适当降低风环的风压。

（6）吹膜后，为什么会出现收卷宽度大小不一（膜筒忽大忽小）？怎样来解决这个问题？

吹膜后若收卷宽度不一，将造成收卷端面不齐、窜卷等问题，这是对材料、工时、人力等的极大浪费，须尽可能避免该问题的发生。出现收卷宽度大小不一的具体原因有：

①薄膜吹塑过程中，向上的薄膜因牵引过快、挤出速度较慢，造成了一定的拉伸。

②吹膜机螺杆加热塑化温度较高，导致模口熔体流动性变大。

③冷却风环处出风不稳定、不均匀，造成薄膜各处冷却速率不一致。

解决措施：

①缓慢增加挤出频率，直到上升的膜泡被稳定牵引，确保挤出频率与牵引速度相匹配。

②以1 ℃/10 min的梯度降低模口段温度，并及时观察出料口情况，降低模口处熔体强度。

③缓慢增大出风盘风口间隙，增大冷却风量，减小冷却风环的不均匀性。

（7）为什么吹膜收卷后薄膜的纵向断裂伸长率会变小？怎样解决这个问题？

断裂伸长率是一个百分数，将薄膜达到断裂点伸长的长度除以薄膜原始长度计算而得。断裂伸长率是反映薄膜韧性的指标，如断裂伸长率偏低，表示薄膜的脆性增加。吹膜收卷后薄膜的纵向断裂伸长率变小的原因有：

①牵引速度过快，薄膜在冷却定型过程中被快速拉伸，使薄膜的纵向断裂伸长率降低。

②收卷速度过快，牵引处到收卷杆这一段的薄膜处于拉伸状态，降低了薄膜的纵向断裂伸长率。

③加热段温度较高，模口处熔体趋向于流延成膜，纵向断裂伸长率会出

现明显的降低。

解决措施：

①适度降低牵引速度，使牵引速度与挤出速度相匹配，减少薄膜的纵向拉伸。

②适度降低收卷速度，使牵引夹辊后的薄膜以最小的拉力进行收卷。

③适度降低模口温度，使物料刚好达到最佳熔融状态，有利于吹塑成型。

（8）为什么吹出来的薄膜太黏、开口性较差？怎样解决这个问题？

原因：

①由于塑料本身的分子结构以及静电累积等，薄膜成型后其表面的大量外露分子链在两片薄膜闭合后产生了大分子链之间的互相缠绕使其无法打开，使薄膜产生粘连的趋势。

②薄膜中所含的低分子助剂扩散渗出到薄膜表面，受热压后造成粘连。

③过于光滑的薄膜表面贴合在一起形成层间真空，造成粘连。

④配方中不含开口剂或开口剂的含量偏低。开口剂也称为爽滑剂、抗粘连剂、抗结剂等，常用于塑料薄膜制品的生产制备过程，可有效提高薄膜的开口性能。发展早期的开口剂有无机的滑石粉、硅藻土等，发展中期的开口剂有有机的油酸酰胺和芥酸酰胺等，目前合成二氧化硅作开口剂在薄膜中的应用较为广泛。早期的无机开口剂通过让薄膜表面产生凹凸不平来减少膜间负压，进而使其分离；中期的有机开口剂是在薄膜表面形成一层润滑膜，以此降低薄膜的摩擦系数使之不互相粘连。这两类开口剂同时也阻碍了分子链之间的缠绕。新型微颗粒型开口剂的工作原理如图2-3-5所示，该类型开口剂选用的纳米级二氧化硅粉体在树脂中分散形成微米级颗粒。这种颗粒由二氧化硅自身的聚集形成，没有添加任何助剂，且多孔有间隙、具有不规则性、比表面积很大，其直径为1～2 μm、比表面积为500～600 m^2/g。薄膜在加工过程中大分子链的末端被二氧化硅颗粒的空隙吸入，该颗粒同时成为成核中心使其结晶。若不含开口剂或开口剂的含量偏低时，薄膜外露的分子链末端之间互相缠绕，便发生粘连。

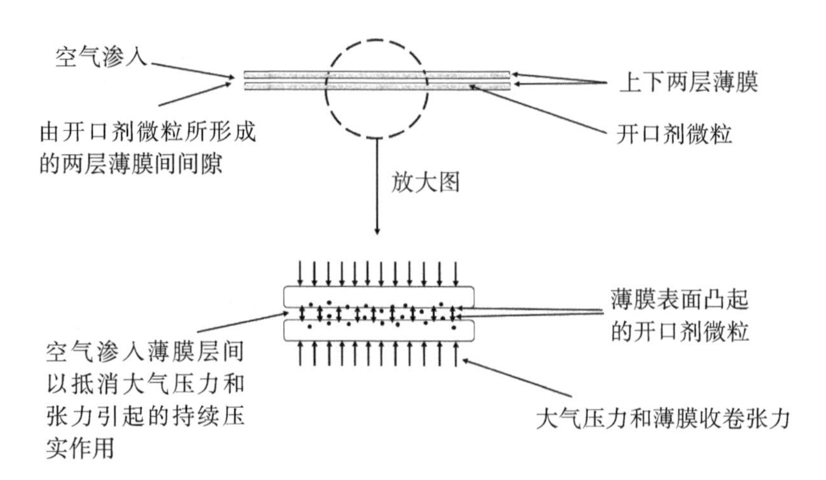

图2-3-5 微颗粒型开口剂的工作原理

⑤吹膜机挤出温度过高，造成薄膜的开口性变差。

⑥牵引速度过快，薄膜冷却速度太慢、冷却不足，薄膜被快速拉伸，在牵引辊压力的作用下发生相互黏结。

解决措施：

①安装静电消除装置，减小吹膜过程中产生的静电，尽可能阻止薄膜产生粘连。

②在不影响薄膜质量的前提下，在配方中减少低分子助剂的使用量，或找一些具有相同作用的替代助剂来替换低分子助剂。

③在吹出的薄膜表面适当加一些可以增加膜与膜之间摩擦力的物质。

④加一定量的开口剂，如可加入二氧化硅、芥酸酰胺等开口剂。开口剂可以大大地减少外露的分子链，有效阻止两膜接触，从而解决开口问题，同时因为分子链的不外露，薄膜在经过物体摩擦时也减轻了吸附力从而增加了爽滑性能。开口剂微粒粒子不仅使薄膜表面产生凸起，而且还具有封闭大分子链端的功能。薄膜在加工过程中大分子的末端被颗粒的孔隙吸入，同时该颗粒可成为成核中心加快聚合物的结晶速度，这样就可大大减少外露分子链，使两膜接触时没有大分子链的缠绕，解决了开口问题。

⑤适当降低挤出温度，如初始温度为168 ℃，可按照2 ℃/10 min进行降温，并及时观察开口情况。

⑥适当降低牵引速度，也可通过加大风量，提高冷却效果、加快薄膜冷却速度。

(9) 吹膜收卷过程中，薄膜为什么有雾状水纹？怎样解决这个问题？

原因：

①加工条件和加工工艺的影响，如吹膜机挤出温度偏低，导致树脂塑化不良。

②树脂种类、本身性能参数以及添加剂等原料影响，如当树脂受潮、水分含量过高时，水分的存在通常会对塑料的性能及成型加工产生不利影响，且水在高温下易汽化，促使薄膜产生雾状水纹的缺陷。

解决措施：

①调整挤出机的加热段温度或适当提高模口温度，改善原料的塑化情况。

②将树脂原料进行烘干，一般要求树脂的含水量不能超过0.3%。

(10) 吹膜收卷过程中，为什么会出现薄膜厚度偏厚的情况？如何解决这个问题？

薄膜厚度的均匀性是检测薄膜产品质量的一个重要指标。薄膜厚度不均匀，不仅会影响薄膜各处的拉伸强度、阻隔性，而且会导致薄膜卷曲后卷面出现暴筋。暴筋处的薄膜会永久变形，这将影响薄膜的后续加工与使用，如薄膜膜面不平整、薄膜松弛下垂会影响薄膜后续的复合、印刷、制袋等。流延膜厚薄均匀度发生变化与设备、材料和工艺等都有较大的关联。吹膜收卷过程中出现薄膜厚度偏厚的具体原因有：

①吹膜机模口间隙偏大或吹膜机挤出量偏大，薄膜在牵引辊和展开辊偏厚一侧的拉力较小。

②冷却风环的风量太大，薄膜冷却速率太快。

③牵引速度太慢，薄膜拉伸太缓慢。

解决措施：

①调整模口间隙，使得吹膜厚度变薄。

②适当减小风环的风量，使薄膜进一步吹胀，促使其厚度变薄。

③适当提高牵引速度，使得薄膜厚度变薄。

(11) 吹膜收卷过程中，薄膜的厚度为什么会偏薄？怎样解决这个问题？

原因：

①模口间隙偏小，薄膜从挤出机挤出时受到的阻力较大。

②冷却风环的风量太小，薄膜从模口挤出通过牵引辊时冷却太慢。

③牵引辊速度设置太快，薄膜在吹塑移动过程中被过度拉伸。

解决措施：

①适当调整模口间隙，降低模口阻力，促使模口出料稳定。

②适当增大风环风量，加快薄膜的冷却速度。

③适当降低牵引速度，使得薄膜牵引速度与吹膜机主机转速相匹配。

（12）吹膜工艺中，塑料薄膜的热封性能为什么会变差？怎样解决这个问题？

塑料薄膜的热封性是指塑料在加热到熔融状态后，该塑料与本身或别的种类的塑料所具有的热黏合性。通常，热封性可通过热合强度来判断，热合强度又称为热封强度，用于塑料热合在塑料或其他基材上的热合性能的评定。若热合强度太低，会导致热封处裂开、泄漏等问题。吹膜工艺中塑料薄膜的热封性能变差的原因有：

①吹膜时露点太低，聚合物分子发生定向，从而使薄膜的性能接近定向膜性能，造成薄膜热封性能的降低。

②吹胀比和牵引比不适当（过大），薄膜产生拉伸取向，从而影响了薄膜的热封性能。

解决措施：

①吹膜时适当地调节风环中风量的大小，使露点高一点，尽可能地在塑料的熔点下进行吹胀和牵引，以减少薄膜因吹胀和牵引产生的分子拉伸取向。

②适当减小吹膜时的吹胀比和牵引比，避免薄膜被横向和纵向过度拉伸。

（13）薄膜纵向拉伸强度为什么会变差？怎样解决这个问题？

在拉伸试验中，试样从被开始拉伸直至断裂为止所受的最大拉伸应力即为拉伸强度。薄膜纵向拉伸强度变差的原因有：

①熔融树脂的加工温度太高，会使薄膜的纵向拉伸强度下降。

②牵引辊牵引速度较慢，薄膜纵向的定向作用不够，从而使纵向的拉伸强度变差。

③吹胀比太大，同牵引比不匹配，使薄膜横向的定向作用加强、拉伸强度提高，而纵向的拉伸强度就会变差。

解决措施：

①适当降低螺杆的温度，从而降低树脂的熔融温度，增强薄膜的强度。

②适当提高牵引速度，使得薄膜产生一定的定向作用。

③调整吹胀比，使其与牵引比相适应，防止吹胀比与牵引比的失衡。

（14）吹膜收卷过程中，薄膜表面为什么会出现粗糙、凹凸不平的情况？怎样解决这个问题？

原因：

①挤出温度太低，树脂塑化不良，薄膜表面含有不塑化的僵块或颗粒，见图2-3-6。

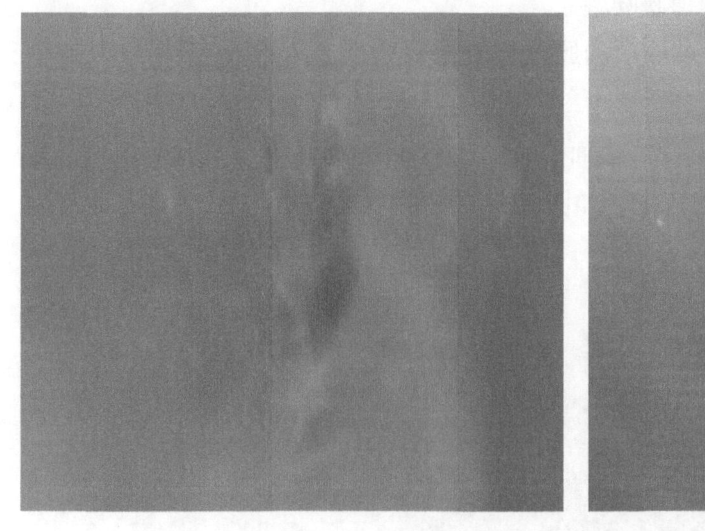
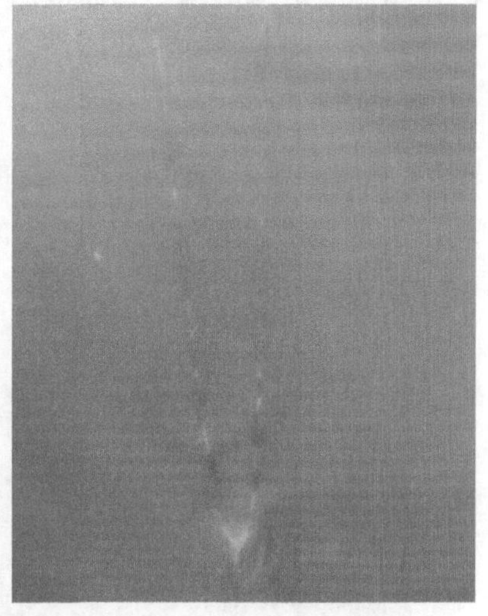

图2-3-6　吹膜温度偏高时发生降解的“僵块”

②原料中的某些添加助剂分散性较差，或相容助剂添加比不当。

解决措施：

①调整吹膜机各处温控参数，保证树脂塑化良好。

②调整配方，保证无机填料充分地分散于基体中，不发生团聚现象。

（15）吹膜收卷过程中，薄膜为什么会有异味？怎样解决这个问题？

理论上讲，吹膜收卷后薄膜基本应是无味的。按照GB/T 38082—2019规定，生物可降解塑料购物袋不能有明显的异味，但在实际加工过程中薄膜往往会散发异味。薄膜有异味的具体原因有：

①树脂原料及助剂本身有异味，或加工参数设置不当导致吹膜收卷后产生了异味。

②塑料在高温、高剪切力下加工时，除热分解外，在挤出模口后还会与空气中氧气发生热氧化反应，产生的物质也会造成异味。

解决措施：

①更换树脂原料或相应有异味的功能性助剂，减少原料本身产生的异味。

②调整塑料薄膜加工中的温度设置，包括混料、造粒和吹膜温度设置，防止由温度造成的塑料薄膜降解。

（16）为什么吹膜过程中的膜泡有时候会产生“鱼眼”？怎样解决这个问题？

“鱼眼”是一种塑料薄膜表面的瑕疵，未熔化的塑料出现在薄膜表面，呈现出类似鱼的眼睛样的瑕疵，如图2-3-7所示。吹膜过程中的膜泡有时产生“鱼眼”的原因有：

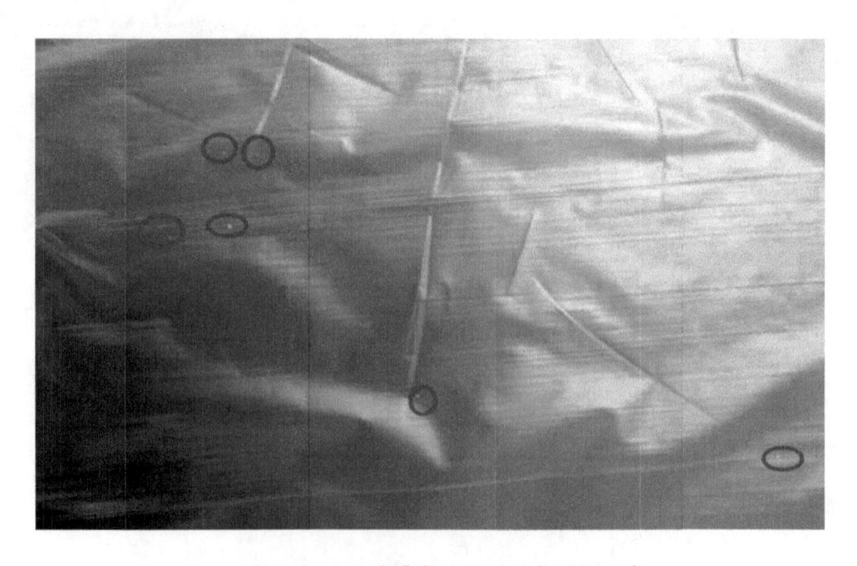

图2-3-7 地膜表面出现“鱼眼”现象

①当降解树脂的分子质量分布较为宽泛时，分子质量高的树脂不是特别容易塑化，所以容易产生“鱼眼”。

②在树脂聚合后的处理过程中或树脂加工处理中混入了根本无法塑化的杂质，导致产生“鱼眼”。

③熔体温度控制不当，导致物料塑化不良而产生“鱼眼”。

解决措施：

①更换降解树脂原料，从根本上解决“鱼眼”问题。

②将不同的塑料分开储存于不同的容器或袋子内，以避免塑料相互掺杂。

③提高吹膜机螺杆的温度，改善物料在吹膜机中的塑化情况。

（17）为什么吹膜过程中薄膜透明度有时会变差？怎样解决这个问题？

原因：

①挤出温度偏低，树脂塑化不良，造成吹塑后薄膜的透明性较差。

②吹胀比过小，薄膜厚度增加，影响薄膜的透明度。

③吹膜时，风环冷却效果不佳，从而影响薄膜的透明度。

④树脂原料中，助剂或原料的水分含量过大，造成吹塑后薄膜的透明性较差。

解决措施：

①适当提高挤出温度，使树脂能够均匀塑化。

②适当提高吹胀比，减小薄膜的厚度。

③加大风环的风量，提高冷却效果。

④对原料进行烘干处理，降低原料的水分含量。

（18）吹出的薄膜为什么会出现变黄现象？怎样解决这个问题？

PBAT纯树脂吹膜，薄膜一般很透明，但在添加一些功能性助剂和无机填料后，薄膜为白色。在加工中，若工艺操作不当会使得薄膜变色发黄。吹出的薄膜变黄的具体原因有：

①吹膜的加工温度偏高，树脂原料中的抗氧剂提前消耗完而失去作用。

②在挤出过程中，滞料导致薄膜在设备中受热时间过长而氧化。

③原料中分子量小的助剂含量高，耐热耐氧化性差，薄膜氧化发黄变色。

解决措施：

①考虑在配方中加入适量大分子类抗氧剂，改善物料的抗氧化性能。

②降低加工温度和实际熔体温度，防止滞料因高温分解而变黄。

③在配方选择上尽量减少低分子量助剂的添加比例。

（19）薄膜收卷过程为什么会产生静电？怎样解决这个问题？

原因：

①摩擦起电。由于表面电阻大，印刷薄膜经过高速印刷设备时摩擦产生电荷，电荷不断积累产生静电。

②剥离起电。在高速下，印刷薄膜与压辊、导线的表面不断接触，在分离的一瞬间电子云来不及复位引起剥离起电。

③油墨及溶剂长时间运转，相互摩擦后聚积了电荷。

④配方设计中未考虑加入抗静电剂。

解决措施：

①控制湿度。当温度过高时，在地面洒水或进行空气加湿，可提高薄膜和油墨的导电率，一般相对湿度以60%左右为佳。这对加入了抗静电剂或者极性爽滑剂的薄膜加工尤其有效，但如果没有添加这些物质加工效果就差得多。另外，需要在油墨中加入适量的极性溶剂，也就是说材料中要有吸引空气中水分的物质才行。

②接地。最简单直接的方法就是把设备与大地连接，电荷经大地泄漏，导辊因轴承润滑而形成绝缘，但接地对绝缘体几乎没有效果，如安装静电跨接线，使薄膜与其接触，接地消除静电。

③离子中和法。安装空气离子化装置，使其产生正负两种离子，以中和薄膜上的静电。在印刷前后靠近薄膜表面的地方装一个集电器，通过高电压的无火花放电，中和薄膜表面电荷。

④在薄膜成型时添加抗静电剂，抗静电剂不仅具有吸湿作用，而且对塑料无害的，可降低塑料表面电阻。加入的抗静电剂可吸收空气中的水分，降低塑料表面电阻，以达到防静电的作用。

2.4 制袋工艺控制要点

2.4.1 制袋工艺简介

制袋是袋制品生产的最终环节，经过吹膜工艺制备的膜卷经过以下步骤：上料架→尾架胶辊→卷帘→光眼→封口→调位杠→瓦楞胶辊→切刀→折叠（收卷），最终制成垃圾袋（购物袋）产品，该过程中热合和封切工艺水平直接影响袋制品的质量。

2.4.2 制袋机简介及主要控制点

2.4.2.1 制袋机简介

垃圾袋的制袋工艺主要通过制袋机来完成，制袋机具有以下特点：①设备通过微电脑控制，生产过程中各参数的状态由彩色CRT屏幕动态显示；②整机牵引为双步进、双变频数控系统，完成主机的同步、定长控制；③设备具有纠偏仪，用于纠偏处理，当膜卷发生偏移时系统会自动报警，以提高产品的合格率。垃圾袋连卷制袋机实物图如图2-4-1所示，其主要指标参数见表2-4-1。

图2-4-1　垃圾袋连卷制袋机

表2-4-1 垃圾袋连卷制袋机主要指标参数

序号	类别	指标
1	设备型号	ZX-300×2
2	设备尺寸/mm	6000×2600×1400
3	设备总功率/kW	12
4	最大制袋长度/mm	1000
5	制袋薄膜厚度/mm	0.005～0.05
6	最大制袋宽度/mm	300
7	每分钟最大制袋数量/个	240
8	通道数量/道	2

购物袋的生产通过热封切制袋机来实现，其性能特点为：①整机采用微机电控制，可变频调速、适时调整热封温度；②可实现任意定长、步长光电跟踪印刷，确保每个袋子的印刷位置合适、裁剪恰当；③热封部位可实现自动恒温冷却。购物袋热封切制袋机实物图如图2-4-2所示，其主要指标参数见表2-4-2。

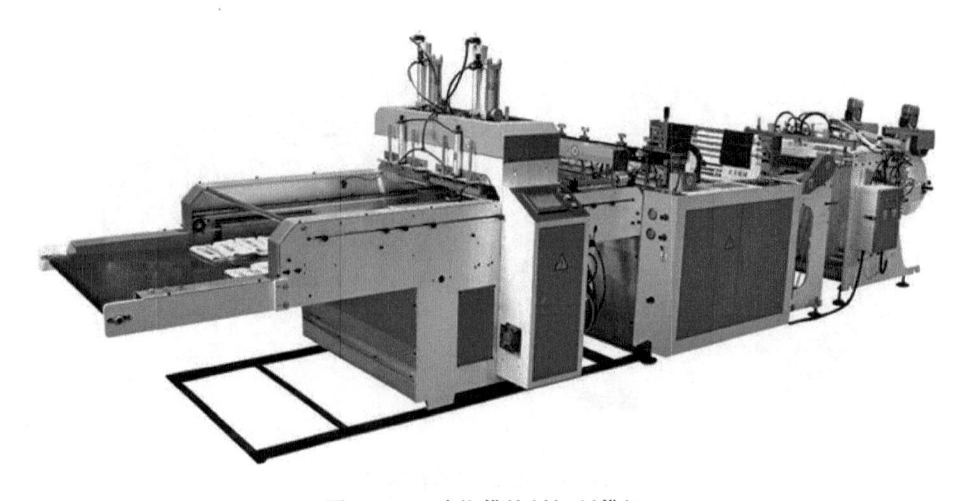

图2-4-2 购物袋热封切制袋机

表2-4-2 购物袋热封切制袋机主要指标参数

序号	类别	指标
1	设备型号	ZX-500×2
2	设备尺寸/mm	7000×1800×1700
3	设备总功率/kW	16
4	最大制袋长度/mm	1000
5	制袋薄膜厚度/mm	0.01～0.05
6	最大制袋宽度/mm	450
7	每分钟最大制袋数量/个	260
8	通道数量/道	2

2.4.2.2 主要控制点

（1）热封压力。为了保证塑料复合软包装的热封强度，一定的热封压力是必不可少的。在热封过程中，热封压力要适中、均匀。如果热封压力不够或者不均匀，会使热封部位因产生气泡而虚焊，导致热封不良；如果热封压力过大，热封部位会出现封口变形，在热封温度较高时还会挤走部分复合材料，造成热封边缘发脆、易开裂，将导致热封强度下降。

（2）热封温度。热封温度对热封强度有很重要的影响，热封层中参与热封的薄膜厚度对热封的效果起决定作用。各种材料熔融温度的高低，直接决定制袋的最低热封温度。受制于制袋速度以及复合基材厚度等多方面的影响，实际加工过程中采用的热封温度往往要高于热封材料的最低熔融温度。生物可降解购物袋使用的基体树脂PBAT的熔融温度为130 ℃左右。制袋过程中，热封温度的设置不宜过高，过高极易损伤焊边处的热封材料，导致熔融挤出产生“根切”现象，如图2-4-3（a）所示；热封温度的设置也不宜过低，过低的热封温度不能使热封层真正封合，导致出现一撕即开的情况，如图2-4-3（b）所示。过高过低的热封温度会大大降低封口的热封强度并影响购物袋的使用，所以在进行购物袋热封时，一定要选择适合的热封温度。

(a)

(b)

图2-4-3　购物袋热封时被烫烂和热封不住的情况

（3）热封时间。在热封温度和热封压力不变的情况下，热封时间越长，热封层之间结合得越牢固。但如果热封时间过长，复合薄膜的热封部位则会出现褶皱、不平的现象，严重影响产品的外观质量。

2.4.3 制袋加工技术问题解决

（1）切刀胶辊处，膜为什么会偏向一个方向走？怎样解决这个问题？

膜在切刀胶辊压紧固定后进行切分，这样既保证切分时袋子被固定，又保证切出长度相同的袋子，若在切刀胶辊处的膜朝一个方向走，原因有以下几个方面：

①胶辊两端压力不均匀，前进的膜往压力大的方向偏移。

②光电架倾斜，对膜的感应出现偏差，带动膜偏向一个方向。

③垃圾袋的打孔刀没有安装好，一端翘起，左右距底座各处的距离不同，使得薄膜往一个方向走动。

④薄膜各处的厚度不均匀，在经过多层对折后两边的厚度产生明显的差异。

⑤购物袋热封刀的压力不均匀，薄膜向热封刀压力大的一边偏移。

解决措施：

①调整上下胶辊，使胶辊两端保持平行、胶辊各处压力均匀。

②调整光电架，使光电架与前胶辊保持水平。

③调整垃圾袋打孔刀，使其与底座平行，即打孔刀距底座各处的距离均相同。

④在吹膜机吹膜时，保持薄膜厚度均匀。

⑤调整购物袋热封刀两端压力，使其在切刀各处的压力相同。

（2）为什么所制的购物袋会时长时短？怎样解决这个问题？

购物袋在制袋环节，光电感应头对购物袋特定区域进行感应，实现对购物袋长度的控制。若所制的购物袋时长时短，原因有以下几个方面：

①光电头上的灰尘较多，导致定长感应不灵敏。

②开机时间较长，光电头灵敏度下降。

③热封刀压力过大，对薄膜产生了一定的拉力。

④薄膜输送时，浮动辊的气压过大。

⑤薄膜从膜卷放料端至热切处的张力过大。

解决措施：

①定期使用吹枪清理光电头，避免因灰尘导致的光电头灵敏度下降。清理过程尽量避免使用抹布，防止光电头产生薄层泥污渍。

②更换光电头，提高光电头对袋长感应的准确性。

③调低热封刀压力，减弱热风刀对薄膜表面产生的拉力。

④适当调低浮动辊气压，减弱浮动辊对薄膜产生的拉力。

⑤调低拉力架处气缸压力，减弱膜卷放料端至热切处的张力。

（3）为什么切刀处会出现塞料？怎样解决这个问题？

原因：

①袋子在经过切刀处时，因其表面出现了折皱、不平整，故产生的摩擦力增大，引起塞料。

②切刀位置调节得过低，与底座的距离较小，薄膜不易通过。

③输送导向梳出现不直或发生缺少，向前输送袋子气压不足，在切刀处出现滞留情况。

④热封温度偏高，薄膜经过切刀后粘在切刀表面逐渐造成塞料。

解决措施：

①选用硬脂酸等改性的无机填料，同时控制无机填料的含量在共混料中的占比在合理范围之内，一般不宜超过30%，以确保无机填料有良好的分散性，避免在袋子表面析出，增大与切刀处的摩擦力。

②调节切刀的位置，切刀与底座的距离不宜过窄，确保薄膜能顺利通过。

③及时联系设备厂家，更换相应的导向梳，确保向前输送袋子时的气压足够，避免在切刀处出现滞留情况。

④降低热封温度，待制袋机的热封温度与设置的低温温度相同时再进行制袋操作，避免因热封温度过高而在切刀处出现塞料现象。

（4）制袋过程中为什么会出现假封？怎样解决这个问题？

热封工艺的宏观表现如图2-4-4所示，两个热封层表面相互接触时，加热棒提供了足够的热量用以融合热封层表面，被熔化的热封内层表面变为液态。在熔融流体开始汇合时，由于界面处的聚合物仍有一定的残余定向，不利于产生较强的聚合物层间嵌合，两聚合物流动层间处于相互打滑状态，产生界面不稳定性流动。在一定的压力下，熔融流体流动足够长的一段时间后界面定向完全消失，两熔融流体完全汇合，界面嵌合达到了较高的强度，最后冷却使得薄膜内部重新结晶。一般薄膜热封层融化的表面分子会相互纠缠进而变为一个较厚的单层。该过程的时间一般在1 s左右，但仍然受温度、时间、压力条件的影响。

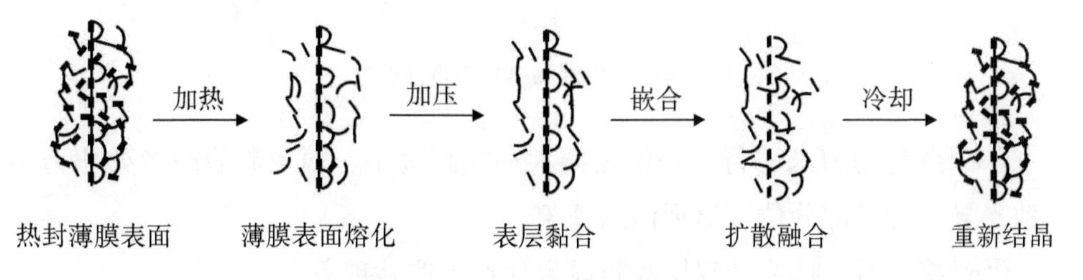

图2-4-4　热封工艺的宏观表现

制袋过程中出现的假封现象即为热封强度不良现象。如图2-4-5（a）所示，热合检测时直接在焊缝处将一半拉断，或者在焊缝处被拉开分成两个部分，降低了封口的热封强度，如图2-4-5（b）所示。制袋过程中出现假封的原因有：

（a）

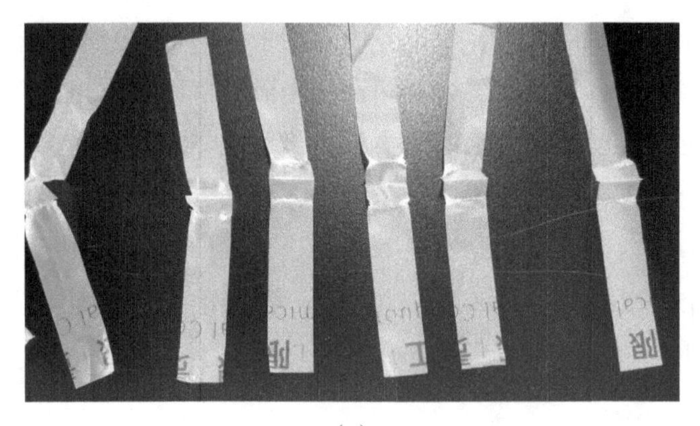

(b)

图2-4-5 袋制品热封不良的情况

①刀座与切刀未平行，一端距离大一端距离小，薄膜制袋时各处压力不一致，导致袋子部分位置出现假封现象。

②过接头时，接头处双层膜较厚致使产生假封现象。

③热封温度偏低，袋制品在烫刀处的薄膜未完全达到黏流态至分解温度范围内，容易产生假封现象。

解决措施：

①将刀座与切刀调整平行。

②吹膜时确保薄膜的厚度均匀，防止薄膜较厚的位置未完全熔融，出现假封或封合强度较低的情况。

③根据复合薄膜的构成结构、热封状态等选用最佳的热封条件（温度、时间和压力），或改进热封方式，热封后立即进行冷却。

（5）定长光电为什么会出现跟不上印刷标的情况？怎样解决这个问题？

原因：

①在吹膜收卷过程中，膜卷被过分拉伸，每个印刷标志之间的长度不统一。

②光电头不灵敏，或光电头上的灰尘过多。

③设定袋长与实际袋长不符，两者存在尺寸偏差。

④跟踪点不明显，或找不到跟踪点。

解决措施：

①适当降低收卷速度，使每个袋子之间的长度都固定。

②清理或更换光电头，提高制袋定长的准确性。

③多次量取光电标间的距离，取其平均值作为袋长的设定值。

④改善吹膜印刷质量，提高光电头对印刷标的跟踪准确度。

（6）气密性较高的袋子为什么会出现漏气？怎样解决这个问题？

原因：

①热封温度低、压力小。在制袋过程中，热封温度是影响热封强度最主要的因素。树脂加热到一定温度后开始熔解，该温度称为熔点。温度超过树脂的熔点时，树脂变成糊状具有一定的黏性熔融态树脂，热封温度一般设置在树脂的熔点与分解温度之间。因此，热封温度过低，且低于熔点，材料不产生黏性，不能热封。此外，热封既需要正常的热封压力使已熔融的薄膜表面密切结合在一起，又需要使该热封压力能被具有一定黏性的熔融树脂所承受并且树脂不被压垮变薄。一般标准热封压力范围为2～3 kg/m²，压力太小材料不能很好黏合，使用宽烫刀时应适当加大压力以保证热封强度。

②中间垫的烫布跑偏，薄膜热封部位与烫刀的接触时间不够。

③薄膜薄厚不均，厚度较大的部分先与烫刀接触，厚度较小的热封层封合不佳，出现漏气。

④热封时间过短。热封时间是指热封烫刀压在薄膜上停留的时间，热封时间决定了热封设备的生产效率。热量从烫刀传递到耐热布，再通过印刷膜传到热封层，在整个热封截面存在温度梯度。薄膜越厚，气温越低，薄膜内外温差越大，在热封时热封时间应加长；反之则应缩短。

解决措施：

①逐渐调高热封温度，降低热封压力。

②调整中间垫的烫布，将跑偏的烫布进行矫正。

③检查吹膜时的厚度，出现薄厚不均时及时调整。

④适当延长热封时间，可以通过降低制袋速度及增大烫刀刀座横梁与支撑的间隙来改善。

（7）为什么制袋过程中热封温度会不稳定？怎样解决这个问题？

原因：

①若制袋机为双通道设备，在运行过程中可能会受到其他电线走路而干扰热封温度。

②在制袋过程中热电偶可能松动甚至脱落，致使温度感应不准确，导致热封温度不稳定。

③热封处的热封刀安装松动，在制袋机运行过程中，热封刀与袋子热封部位的接触不够充分。

解决措施：

①检查其他电线的走路，及时整改其他电线。

②检查热电偶有无松动和脱落迹象，如有松动或脱落，及时紧固。

③定期检查封刀安装是否紧固，确保热封刀与袋子热封面充分接触。

（8）在热封时封口处薄膜为什么会发生折皱？怎样解决这个问题？

原因：

①制袋过程中热封刀温度太高，引起材料不均衡收缩或物理变化，薄膜冷却没能还原造成封口折皱。

②热封时间太长，材料长时间受热却未能及时冷却或冷却不够引起封边起皱。

③材料粘刀，二次受压时薄膜边折皱成形，造成封边有折皱。

解决措施：

①降低热封刀的温度，待制袋机的温度稳定后再进行制袋，观察封口情况。

②缩短热封时间，确保材料充分冷却。

③若发现热封刀有粘料现象，应及时将黏附物进行彻底清理，防止进入热封刀的薄膜产生折皱。

（9）电晕处理对热封强度有什么影响？

电晕处理装置主要是为了提高薄膜的表面张力，增加薄膜的印刷牢度和复合材料的剥离强度，使袋制品表面具有更高的油墨附着性，其组成结构如图2-4-6所示。电晕后薄膜分子间引入极性基团，导致薄膜分子间作用力增强，相当于热融焓增加；电晕后产生交联使得薄膜分子链柔顺性变差，相当于热熔熵减小。这两点都会使电晕后袋制品热封熔点升高。电晕处理对热封性能的影响主要基于两点：

①氧化导致薄膜电晕层部分分子产生极性基团，从而使熔点升高，热封温度上升。

②电晕处理伴随着薄膜分子链断裂导致的交联，使热封层界面分子的相互扩散能力降低，毗邻分子不能很好地缠绕在一起，导致热封强度降低。

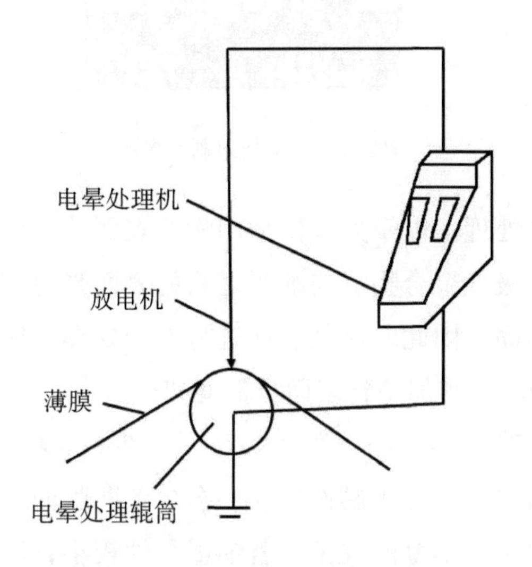

图2-4-6　电晕处理装置结构示意图

（10）生物可降解购物袋为什么会出现印刷不均匀的现象？怎样解决这个问题？

购物袋采用凹版印刷，整个印版表面涂满油墨后，用特制的刮墨附件（刮墨刀）把空白部分的油墨去除干净，使油墨只存留在图文部分的网穴之中，再在较大的压力作用下将油墨转移到承印物表面，获得印刷品。凹版印刷属于直接印刷，印版的图文部分凹下，且凹陷程度随图像的层次有深浅上的不同，印版的空白部分凸起，并在同一平面上，如图2-4-7所示。生物可降解购物袋出现印刷不均匀的原因有：

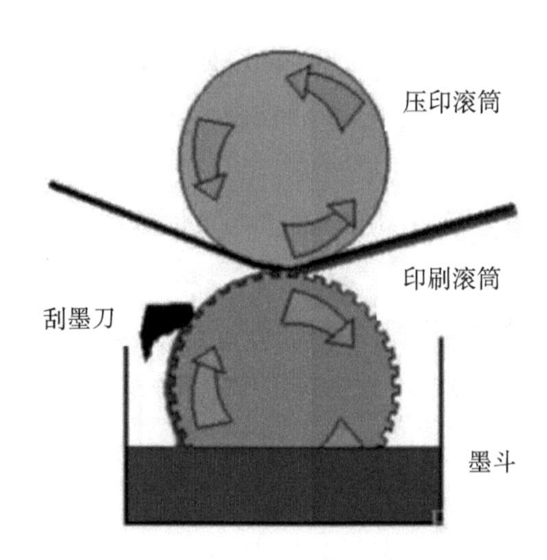

图2-4-7 凹版印刷示意图

①未进行电晕处理。电晕处理使承印物的表面具有更高的附着性。大多数塑料薄膜属于非极性聚合物，与油墨之间的表面张力较低，使油墨无法在聚合物表面附着牢固，因此要对其表面进行电晕处理，使塑料分子的化学键断裂而促使塑料降解，增加塑料表面粗糙度和表面积。

②油墨浓度过高。凹版印刷采用溶剂挥发性的油墨，该种油墨黏度低、流动性好、附着力强。若油墨黏性较大，会导致凹版网点浸墨量不足，印刷文字及图案出现缺失、不全的现象；若油墨黏性较小，印刷文字及图案中会出现印刷油墨不均匀的现象。因此，印刷时需控制好油墨浓度，从而达到控制油墨的黏性与流动性的目的。

解决措施：

①在印刷前加入电晕装置，增加薄膜与油墨之间的表面张力，使油墨更好地附着于薄膜表面。

②在油墨中加入适量的蒸馏水，并及时进行搅拌，对油墨适当稀释。对比发现，未经过电晕处理且油墨浓度较大时，购物袋表面印刷不清晰、不完整；当采用电晕处理装置及对油墨进行一定比例稀释后，可明显看出购物袋表面印刷完整、色泽均匀。

第3章

PVC缠绕膜加工工艺与技术问题解答

PVC缠绕膜又称为PVC收缩膜，通过急骤冷却定型吹塑而成。PVC缠绕膜是一种良好的薄膜包装材料，具有以下优点：①透明性良好，可以让顾客直接看到被包装的商品，便于顾客挑选商品；②紧贴商品外形，适用于各种形状的商品包装，包装内容物广泛；③防刺穿性、防尘性优良；④缠绕膜固定性好，可以把多种商品包装在一个热收缩包装袋内，防止个别小商品丢失，也方便顾客携带；⑤选用不同树脂及配方生产出的不同机械强度及功能的热收缩薄膜，可用于强度较低、重量较小的商品的内包装，也可用于强度较高的集装箱用的机械制品、建筑材料等的运输外包装。

PVC缠绕膜采用急骤冷却定型的工艺方法吹塑成型。这种骤冷的生产工艺是根据高聚物定向原理设计的，即当完全塑化的PVC树脂从挤出机挤出成膜胚后，横纵两个方向的拉力将处于玻璃化温度和黏流温度之间的聚合物强制拉伸，导致聚合物的分子链沿着拉伸方向取向，此时将薄膜急速冷却，将拉伸取向所产生的应变“冻结”。升高温度，薄膜被重新加热到“解冻”温度时，就会产生应力松弛，已经定向的分子链发生解取向，拉伸链由之前的紧张状态恢复到取向前的松弛状态，使收缩膜具有良好的收缩性能。收缩膜因具有优质价廉的特性在包装行业被广泛使用。

PVC缠绕膜的加工工艺采用一步法实现，即将PVC树脂与其他助剂经过高速捏合后进行低温冷却，之后进入挤出机直接吹塑定向拉伸成型。该方法减少了造粒工序，使PVC树脂的生产成本下降了3%～5%，也使PVC产品的市场竞争力得到进一步提升。PVC缠绕膜加工设备由炒料机、吹膜主机、收卷机、分切机、边料收卷机组成。使用一步法生产加工PVC缠绕膜的步骤：首先，将按照配方称取的PVC树脂与不同比例助剂，经过炒料机混合均匀后送入吹膜主机；然后，将在主机螺杆加热下呈熔融态的物料输送至吹盘，在压缩空气作用下吹制成膜筒；最后，膜筒经过牵引辊后被压制成单层膜，单层膜经由收卷机收卷后得到膜卷，膜卷通过分切机分切后可获得PVC缠绕膜产品。

3.1 炒料工艺控制要点

3.1.1 炒料工艺简介

炒料工艺即为混料工艺，PVC缠绕膜是由PVC树脂、稳定剂、改性剂、填充剂、着色剂及其他助剂组成的多分散体系通过混合、后续成型加工而成。炒料工序是整个PVC吹膜过程中最重要的环节，主要原因如下：

（1）炒料是把所有原料根据配比来混合均匀，而在整个混合过程中各组分是否能够均匀混合，对吹膜工序至关重要，因为只有各原料成分混合均匀时，在吹膜机各加热段才能使各原料熔融混合后根据自身特性发挥其作用，从而达到成膜的条件。

（2）各原料在混合过程中的添加顺序直接影响成膜的性能，由于各原料成分化学性质不同，不同的添加顺序会影响各原料之间的反应过程，因此，正确的原料添加顺序也是炒料的关键。

（3）炒料过程中应根据不同原料的添加顺序对其进行相应的加热，且必须以某种原料特性对应的温度进行加热，这样才能保证该原料能够最大程度地发挥其作用。

3.1.2 炒料机主要控制点

PVC炒料机的主要技术指标见表3-1-1。

表3-1-1　PVC炒料机主要技术指标

序号	类别	指标
1	设备型号	HK-400
2	设备尺寸/mm	1800×1000×1200
3	最大炒料量/kg	400
4	最小炒料量/kg	100
5	最高炒料温度/℃	120
6	炒料仓内转速/($r \cdot min^{-1}$)	820

3.1.3　炒料工艺技术问题解决

（1）PVC混料的原理是什么？

混料的主要目的是将原料混合，使其分布均匀，形成表观密度高、流动性好、干燥松散的干混料。混料主要依靠压缩、剪切、分配、置换来实现，包含混合和分散两方面的含义。

①混合就是使两种或多种组分空间的分布情况发生变化，其原理如图3-1-1所示。

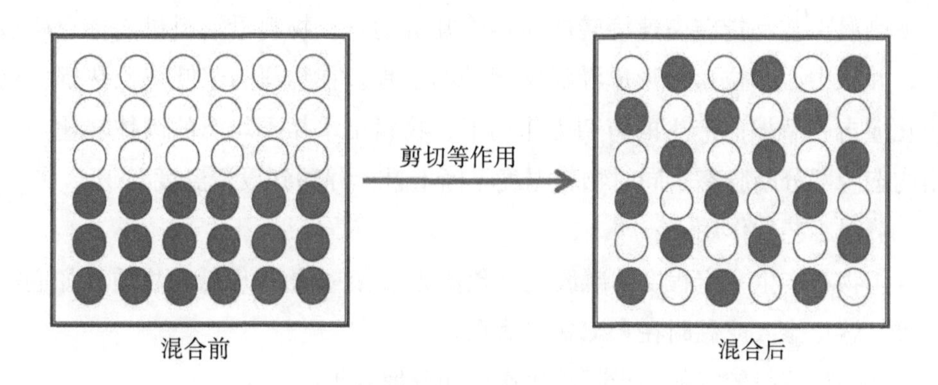

图3-1-1　混合过程中两组分空间位置变化示意图

②分散是指混合中一种或多种组分的物理特性发生了变化，如颗粒尺寸减小或溶于其他组分中，如图3-1-2所示。

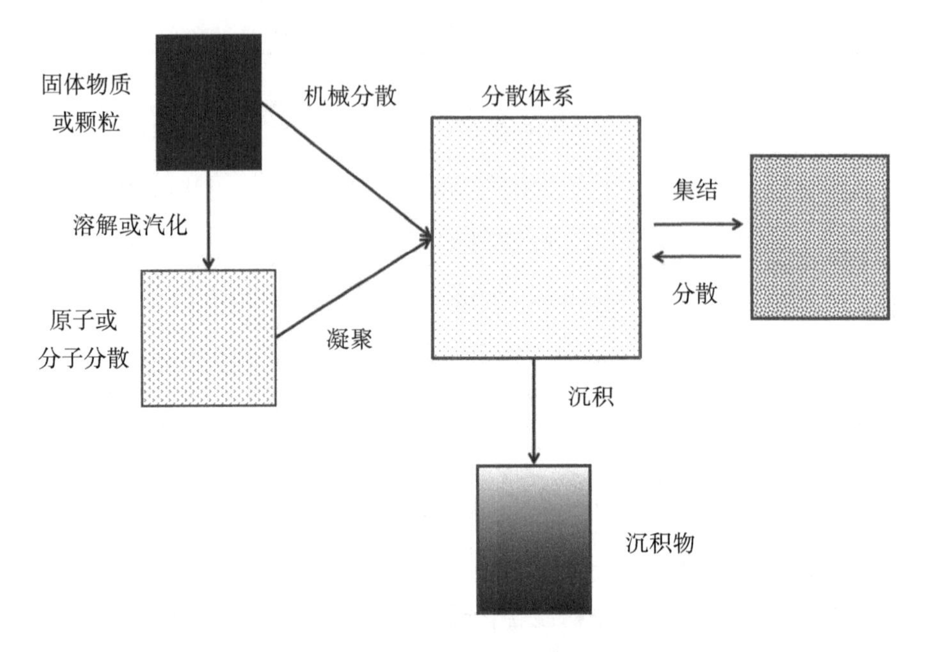

图3-1-2 分散作用示意图

混合和分散一般是同时进行和完成的。在混合过程中，通过粉碎、研磨等机械作用使被混合物料粒子的粒径不断减小，达到均匀分散的目的。

（2）热混工艺具体是怎样实现的？热混工艺的作用有哪些？

热混工艺是指在高速旋转的搅拌桨叶推动下，物料沿混料机内壁急剧散开，并从中心部位落下形成漩涡状运动的过程。在物料与桨叶以及热锅内壁相互撞击、摩擦而产生的剪切力作用下，物料由单相不均态的固体转化为多相均态的部分凝胶态，同时物料温度不断上升，并达到设定温度。

热混工艺的作用：

①物料产生一定程度的凝胶化（预塑化），许多熔点较低的物质（如润滑剂等）熔化渗入或黏附在PVC树脂表面。

②物料获得较好的初步凝胶化作用和分散效果。

③物料获得较大的表观密度，使其流动能力增强，这有利于物料输送，提高了挤出效率。

④排除原料中的水分和低挥发性组分，消除这些组分对产品质量的影响。

⑤确定热混终点温度：经过长期不断的试验摸索，确定了目前型材的最

适宜热混终点温度为110～120 ℃，管材的为120～130 ℃。热混温度过低，PVC物料塑化不均匀，挥发组分除不尽将影响其性能；热混温度过高，PVC物料在混料罐内消耗较多的稳定剂易发生分解，甚至出现糊料现象，影响生产。

（3）冷混工艺具体是怎样实现的？冷混工艺的作用有哪些？它的注意点是什么？

冷混工艺是指把热混料放在冷混锅中，通过叶片低速搅动，用冷混锅夹套中冷却水带走其散发的热量，直至将原料温度降到设定温度以下的过程。

冷混工艺的作用：

冷混工艺不仅可以防止PVC物料在高温下冷却时的吸水返潮现象，也可以使PVC物料在散热过程中进一步排出其分子间水分，从而得到流动性更好的粉料。

冷混工艺的注意点：

一般冷混出料的额定温度为40～45 ℃。冷混温度过高，干混料未充分冷却即被储放，将使中间部位原料受过多余热影响而消耗过多稳定剂，干混料甚至出现发红等降解现象；冷混温度过低，不利于提高混料效率。

（4）PVC混料质量与混料机有怎样的关系？

混合料质量的好坏与混合机的设计速度和叶片结构有直接关系。

①混料转速。一般混料机的速度设计为750～900 r/min，速度设计在这个范围内的混料机比较好用，有个别企业将速度设计在750 r/min以内的，此速度下物料很难达到理想的混合效果。

②叶片结构。叶片为三叶式，有下中上三片，这种叶片结构最大的特点在上叶片的长度和角度上。在混料前通常要检查叶片与锅底、锅边的距离，一般情况下叶片与锅底的距离为3～8 mm，距离过大会影响混合速度和效果。中间叶片距锅边的距离控制在10～15 mm之间。上叶片涉及长度和角度问题，长度一般有长短两种，上叶片的角度对混料效果的影响明显，角度一般设置为30°，在实际操作过程中将角度调整为45°后，发现混合效果明显好于前者。

3.2 吹膜工艺控制要点

3.2.1 吹膜工艺简介

PVC吹膜工艺流程有两种，一种是采用粉料直接挤出吹塑成型，此法使用的挤出机长径比要足够大，才能保证塑化良好；另一种方法是使用普通挤出吹膜机组，用粒料吹膜，虽增加了造粒工序，但挤出机结构较简单，国内大多数厂家采用此种方法进行PVC透明膜加工。

而PVC缠绕膜与白膜则主要是用PVC粉料与其他助剂混合吹制而成，整个吹膜工序主要分为送料、塑化、熔融、成膜、牵引、分切、收卷七个过程，且每个过程对整个吹膜工艺都起到重要作用，任何一个过程的结果都会影响整个收卷膜的性能。①送料，是指对混合好的原料进行输送，此过程不能出现漏料与混合料搭桥的现象。②塑化，是根据混合料的特点对其设置相应温度并加热，使得各组分能够塑化良好，确保此阶段各组分的良好塑化是下一阶段顺利实施的重要条件。若某种原料塑化不好，则会影响各原料的熔融过程，因此设置适宜的温度是塑化阶段的重点。③熔融，是指将上一阶段塑化好的均匀物料通过料筒外加热和内摩擦热同时作用，使体系的黏度降低，此时由固体粒子组成的物料逐渐变成易流动的黏流态，具备成膜的条件，此过程中温度的控制至关重要，温度控制主要是为了让物料中各组分的化学特性保持不变，温度设置不宜过高，避免因物料分解造成出料时有黑色糊状现象产生。④成膜，是指对熔融后的物料在压缩空气的作用下吹胀成膜筒，此过程中可通过调整合适的吹胀比来控制膜筒的大小。⑤牵引，是指在牵引辊作用下对膜筒进行压制牵引，此过程主要是通过调整合适的牵引比来控制膜筒的稳定。⑥分切，是指对压制的两边不整齐的膜边进行切边收卷，此过程先通过分切刀对膜两边进行切边，再通过边料收卷机将边料收卷。⑦收卷，是指对膜进行收卷，可通过控制收卷速度与牵引速度的比值来解决收卷过程中出现的收卷皱纹问题。

3.2.2　PVC吹膜机及其主要控制点

PVC吹膜机组实物图如图3-2-1所示，其主要技术指标见表3-2-1。

图3-2-1　吹膜机组实物图

表3-2-1　吹膜机组主要技术指标

序号	类别	指标
1	设备型号	HK-90
2	设备尺寸/mm	6000×3000×3500
3	出膜有效宽度/mm	≤1300
4	出膜厚度精度/mm	±0.005
5	分层数	1
6	螺杆直径/mm	90
7	螺杆长径比	28∶1
8	加热及冷却控制段数	7
9	螺杆最高转速/($r \cdot min^{-1}$)	85
10	螺杆材质	38CrMoAl

3.2.2.1　主要控制点

（1）挤出机温度。温度是决定PVC吹塑薄膜塑化是否完全和均匀、泡形是否稳定的主要工艺条件之一。在生产PVC吹塑薄膜时，温度一般控制在140～160 ℃之间。根据原料的熔体指数和产品规格，可选择不同的温度，一般熔体指数越大，加工时所用的温度就越低；熔体指数越小，加工时所用的温度就越高。若挤出机温度太低，则薄膜的黏度变大、透明度变差，薄膜易出现未塑化的晶点和云雾，也易被拉断，薄膜的断裂伸长率降低。若挤出机温度偏高，则薄膜的黏度降低、流动性变大、开口性变差，易造成生产不稳定，但其透明度提高。若继续升温，则物料会过热分解，开始发黄，出现黄黑焦点。所以温度不稳定会使泡形不正，影响产品质量，甚至造成次品。

（2）薄膜厚度。薄膜厚度是质检主要指标之一，而PVC薄膜机器用膜厚度主要在50～60 μm之间，手工用膜厚度在30～40 μm之间，可通过设置以下条件实现薄膜厚度的控制：①挤出机机头的内腔结构设计要流畅、无死角，使物料流速均匀平稳；②模口间隙要均匀、不偏中，并能得心应手地调节、控制出料量的均匀；③冷却风环的吹风流量和流速也要稳定，否则薄膜冷却差的部分就要延伸变薄，反则变厚，同时可利用风力来调节薄膜的厚薄；④机头加热装置方面，机头加热分布要均匀，以保证模口处树脂流量的均等，避免出现温度高的部分薄膜延伸、膨胀变薄，反之变厚；⑤主机运转要正常，牵引速度要均匀，保证出料量的均匀；⑥在吹膜管冷却线下方部位，可通过设置帷幕来避免出现外来风力波动引起的气流干扰。

（3）螺杆转速。若增加螺杆转速，塑料在机筒内停留的时间将变短，易发生塑化不良，薄膜出现塑化不完全的晶点。由于挤出量提高，而挤出速度与冷却速度不相适应，会使薄膜外观、质量均不好。但在生产中也有特殊情况出现，如螺杆转速增加，出料量也就增加，而加热器温度并非继续升温，生产仍正常，这是剪切热所致，但必须与牵引比相匹配，产品质量才能稳定。螺杆转速降低，有利于膜管冷却。在塑化不完全的情况下，降低螺杆转速有利于提高产品质量，但低转速下物料在机筒停留时间长，易发生分解。总之，螺杆的转速要与原料熔体指数、成品规格、温度等工艺条件相匹配，才能保证产品质量。

3.2.3　PVC吹膜加工技术问题解决

（1）当吹膜加热温度达到保温时间后，提膜的过程中为什么会出现引模困难？怎样解决这个问题？

原因：

①机头温度控制不当，一般温度控制在140～160 ℃之间。

②口模未调整好或者有上次残留余料未走干净，导致口模出料不均匀。

③原料中有杂质或混料过程中混入了杂质，或者某种助剂在加热后塑化过度形成黑料。

④挤出工艺条件控制不当，如挤出速度过慢，温度设置太高。

解决措施：

①适当调整机头温度，一般模头温度最高设置在160 ℃，其他区温度控制在此温度之下。

②调整口模间隙的同时，适当增大模头温度。

③过滤原料，检查清理机头和筛网头，适当降低螺杆温度1～2 ℃。

④适当调整工艺条件，如超过最高温度160 ℃时，开机速度要大于15 Hz。

（2）膜卷经收卷辊收卷后，收卷为什么会出现不平整？怎样解决这个问题？

原因：

①模口出料不均匀，导致薄膜厚度不均匀。

②气源压力过小或牵引辊上粘有异物，牵引辊夹紧力不均匀，致使薄膜跑偏。

③膜泡中的空气夹带到膜片中，造成褶皱。

解决措施：

①通过调整模口间隙来调整薄膜厚度，通过控制适宜的牵引比来控制薄膜厚度。

②检查气源压力，检查牵引辊夹紧力，使辊面上的夹紧力均匀一致。

③调整夹辊的夹紧力，清除牵引胶辊上的异物，排除膜管内的气体。

（3）吹膜过程中，为什么经空压风吹胀后膜筒的霜线会太高？怎样解决这个问题？

从吹膜机吹出膜泡的起始处原料为熔融态，经过空压风的冷却后，膜泡温度降低，逐渐冷凝固化为固态。这一段冷却所需的距离称为霜线高度，其中“霜线”是操作者的形象比喻，此处高分子熔体冷却固化形成结晶体，薄膜透明度下降，看起来就像结霜。约定俗成，霜线所处的位置就是膜泡最大直径开始的地方，此处往上不再对膜泡有吹胀拉伸的作用。经空压风吹胀后膜筒霜线太高的原因有：

①模头温度设置太高，导致出料压力较小。

②螺杆挤出量太大，膜泡在牵引力作用下上升，导致薄膜冷却不足。

③风机冷却风不足，薄膜在牵引力作用下很快拉升，导致霜线上升。

解决措施：

①适当降低机头温度，如机头温度设置在157 ℃时，若发现膜筒霜线过高，可将温度降低至155 ℃，及时观察挤出的膜筒霜线变化情况。

②适当降低螺杆转速，减小挤出量，使得挤出量频率控制在25 Hz左右。

③加大冷却风环的风量，使得冷却风量频率在15 Hz左右缓慢调节。

（4）吹膜过程中，经空压风吹胀后的薄膜表面为什么会有白点或胶粒？怎样解决这个问题？

原因：

①原料有杂质或混料过程中混入了杂质，或者某种助剂在加热后塑化过度成白胶。

②装在筛网头处的过滤网主要对大颗粒杂质进行过滤拦截，过滤网破裂导致无法过滤杂质，致使吹胀后的薄膜表面出现胶粒。

③在混料时，混料时间、混料温度及助剂的添加顺序会影响颗粒混料的均匀度，若物料混料不均匀，在吹膜的过程中薄膜表面会出现白点或胶粒。

解决措施：

①过滤原料，在混料前对原料及助剂拆开后做检查，看是否有其他杂质混入。

②检查清理模头和筛网，更换100目筛网。

③在混料时，严格按照先添加液体助剂，再添加PVC粉料，最后添加其他助剂粉料的顺序进行，混料时间一般为2 h，温度设置在100 ℃。

（5）PVC吹膜过程中膜筒为什么易破？怎样解决这个问题？

原因：

①进入吹膜机的物料没有彻底冷却至室温，在吹膜机内进行剪切时物料受热不均匀、塑化不够充分，导致吹出的膜筒易破。

②螺杆挤出机的送料段、塑化段和挤出段的温度设置不合理。

③螺杆挤出机内的过滤网目数太大，有未塑化的塑料颗粒被带出。

解决措施：

①在炒料过程中当温度达到所设定温度及时间后，关闭炒料机，将物料搅拌冷却至30～40 ℃后再投入吹膜机的料斗中。

②螺杆送料过程中，送料段的温度不超过120 ℃，到塑化段再到挤出段的过程中温度设置逐渐升高。

③选择过滤网目数较小的100目双层滤网，该滤网对塑化过程中未塑化的PVC粉料颗粒的过滤效果较好。

3.3 分切收卷工艺控制要点

3.3.1 分切收卷工艺简介

PVC膜的分切工序主要是根据产品规格需求对收卷的薄膜进行分切收卷。首先通过张力辊对收卷的膜辊进行张力固定；然后通过其他展开辊将膜卷拉开，根据产品规格在收卷辊上放置相应的收卷膜管，在分切刀作用下将薄膜按照产品规格分切开；最后通过收卷轴转动，将分开的膜收卷至相对应的膜管上。产品的最终质量主要取决于膜卷的平整度，若吹膜工序中膜卷的平整度不够，则后端分切过程会出现收卷膜辊参差不齐的现象，从而影响产品质量，所以在整个过程中保证各工序之间的衔接性对产品质量非常关键。

3.3.2 分切机主要控制点

PVC薄膜分切机的主要技术指标见表3-3-1。

表3-3-1 分切机主要技术指标

序号	类别	指标
1	设备型号	HK-J1400
2	设备尺寸/mm	2400×1450×950
3	最大分切膜宽/mm	1600
4	最大膜卷直径/mm	800

3.3.3 PVC薄膜分切加工技术问题解决

（1）PVC薄膜分切机的工作原理是什么？PVC薄膜分切机对收卷有怎样的影响？

PVC薄膜分切机由放卷机、切割机、收卷机、各功能辊以及张力纠偏控制和检测装置组成。其工作原理为：从放卷机放出的薄膜，经展平辊、张力检测辊、纠偏系统后，进入切割环节，薄膜经分切后由收卷机收卷成符合标准的膜卷。

PVC薄膜分切机对收卷的影响有：

①薄膜分切机收卷不齐，这种情况大部分是由吹膜时切边未切好、收卷辊收卷不整齐引起。

②分切收卷物料起皱，这主要是由收卷张力不合适引起，应调节合适的薄膜分切机收卷张力，使用压辊收卷并将分切料薄膜经过压辊后分切，除此之外，分切时薄膜应穿过所有旋转的辊。

（2）膜卷表面为什么会产生纵向条纹？怎样解决这个问题？

原因：

①在吹膜过程中累积厚度的公差是产生纵向条纹的主要原因，一旦出现程度较为严重的条纹就很难消除。

②分切速度过快也会导致纵向条纹产生。一般来说，在高速分切下最容易引发纵向条纹和错层质量问题。

③设备的运行精度不够。对于运行精度要求较高的设备，经过长时间的连续使用后，一些零部件运行精度已经下降。对大型分切机来说，由于运行

部件较大，保证运行精度就更加困难了，又因为塑料薄膜属于高分子类产品，本身厚度又很薄，加工中更容易受到损伤，所以一旦运行精度不够，容易产生纵向条纹等质量问题。

解决措施：

①在吹膜过程中，使挤出量与牵引速度相匹配，尽可能保证薄膜厚度均匀。

②降低分切速度，使薄膜在切分机上的前移速度与切分速度相匹配。

③更换设备部件、附件时应该慎重，宜选用耐用、运行精度较高的部件，并且安装时也必须保证一定精度，否则难以满足分切机的运行需要。

（3）收卷过程中为什么会出现底皱现象？怎样解决这个问题？

底皱仅发生于薄膜收卷开始的一段长度中，表现为起皱和条纹多而深。收卷过程中出现底皱的原因有：

①工艺参数不合适。不同类型的分切机，工艺参数的设定方式、方法、数值是不同的。设备本身性能和薄膜内在性能对薄膜分切收卷质量的确有很大影响，但是合适的工艺可以解决纵向条纹、底皱等质量问题。

②原辅材料本身质量较差。常用的切分原辅材料有纸芯和大轴膜卷，其质量的好坏不但影响分切速度，而且与底皱问题紧密相关。若纸芯和大轴膜卷本身质量较差，在收卷切分的开始过程中，薄膜将缠绕在纸芯和大轴膜卷上，进而引起底皱问题。

③压辊作用于膜卷的压力由气缸产生，并随着膜卷直径和分切线速度的增加而增加。压辊压力增加容易引起膜卷内松外紧的现象，褶皱由此而产生。

解决措施：

①不同设备和不同类型、规格的薄膜要采用适当的分切工艺，设备状况变化时也可以通过工艺调整给予弥补，但工艺调整必须慎重。

②采用进货检验、过程控制和最终检验相结合的方法来加强监控，确保大轴膜卷以及原辅材料的质量。以纸芯为例，宽幅分切机使用的纸芯较长（最长可达2 m以上），纸芯作为薄膜缠绕的中心，其直线度、同心度、强度、表面光洁度等指标最为重要。一般来说，纸芯越宽，直线度和同心度就越难保证。质量较好的纸芯，其直线度应达到0.04%以内，而10 μm以下的薄膜

应使用表面粗糙度小于0.2 μm的纸芯。

③随着膜卷直径和分切线速度的增加，应适当调小压辊压力。

（4）收卷过程中偏厚的薄膜为什么会发生翘边？怎样解决这个问题？

翘边发生在薄膜收卷的边缘位置，偏厚的薄膜边缘经收卷叠加易使边缘部位翘起。发生翘边的原因有：

①切刀太钝，分切时在切口处产生拉伸现象，造成复卷后膜卷边缘向外翻翘导致翘边。

②刀具安装不正确，致使在切分的过程中薄膜出现翘边。

③卷取速度太快，卷取太紧时，也易使薄膜产生翘边。

解决措施：

①对切分设备及时进行检查和定期维护，更换切刀，可避免翘边问题的发生。

②联系设备厂家，确定刀具的正确安装方式和位置，排除设备的影响因素。

③适当降低卷取速度，避免卷取太紧造成的翘边问题。

第4章 CPVC管材加工工艺与技术问题解答

CPVC树脂是一种应用前景广阔的新型工程塑料，由PVC树脂氯化改性得到。PVC树脂经过氯化后，其极性增加，溶解性增大，化学稳定性增强，耐热、耐酸、碱、盐、氧化剂等腐蚀性提高，热变形温度及机械性能也提高，氯含量由56.7%提高到63%～69%，维卡软化温度由72～82 ℃提高到110 ℃，其产品性能相比PVC树脂产品更为优异，综合性能更好，已在阻燃绝缘材料、建材、人造纤维、橡胶等多个方面得到应用。以CPVC树脂为原料制成的管道包括电力套管、消防管、冷热水管和化工管道等，其中，化工管道因其高耐腐蚀性已在化工行业尤其是含氯介质的使用上有极广的应用，其要求指标也最高，而电力套管和消防管随着近些年我国城镇化和大基建建设的飞速发展，已迅速步入产业发展的快车道。CPVC管材与其他常见塑料管材的性能对比如表4-1-1所示。

CPVC树脂氯含量较高，熔体黏度大于PVC树脂；其塑化温度高，树脂颗粒与金属模具之间、树脂颗粒与树脂颗粒之间、颗粒内部分子链之间的摩擦力大，极易造成分解，导致管材成型困难，故其加工过程中的稳定性远差于PVC树脂，加工温度范围也较窄，因此管材成型加工工艺关键控制点对CPVC管材成型与性能至关重要。另外，CPVC管材挤出加工过程中，混配料的添加速度、螺杆转速、扭矩、螺杆各段温度、机身真空排气控制、定径真空控制、定径冷却水流量、管材牵引速度等单独或互相组合，都对管材成型与性能起到重要的影响。例如：混配料的喂料速度和螺杆转速搭配，可以影响管材的塑化程度及内外壁的光滑度；螺杆各段温度对管材的塑化、降解、成型都有影响；口模出口温度和熔体温度差的大小，影响管材外表面光洁度和收缩率；机身真空排气控制可直接影响管材的落锤冲击性能；定径真空控制影响管材的内外径尺寸；牵引速度不仅影响管材的壁厚，而且对管材的收缩率也有一定的影响。因此，工艺、设备以及技术上的良好控制，直接影响产品的内在质量和表面质量。

表4-1-1 CPVC管材和其他塑料管材的性能对比

指标	交联PE	高密度PE	PP	PVC	CPVC
密度/($g·cm^{-3}$)	0.945	0.94～0.96	0.9	1.38～1.45	1.45～1.58
热膨胀系数/($K^{-1}×10^{-4}$)	1.5	1.4	1.5	0.7	0.7
热传导率	0.41	0.42	0.24	0.14	0.13
热变形温度/℃	95	60	75	85	110
透氧率/($mg·m^{-2}·d^{-1}$)	13	13	13～16	<1	<1
极限氧指数	17	18	18	45	60
游离氯	是	是	是	否	否

4.1 管材挤出工艺控制

4.1.1 工艺简介

CPVC管材的生产工艺流程主要包括以下步骤：

原料+助剂配制→混合→输送上料→喂料→锥形双螺杆挤出机→挤出模具→定径套→喷淋真空定型箱→喷淋冷却水箱→油墨印字机→履带牵引机→抬刀切割机→管材堆放架→成品检测→包装。

4.1.2 挤出机简介及其主要控制点

挤出机主机主要由螺杆、机筒、传动系统、加热冷却系统、真空式排气系统、定量喂料装置、电气控制箱、机头联接体及机头等零部件组成。辅机主要由真空定型冷却装置、牵引装置、切割装置和卸料装置等组成。辅机设备各自的轴线与挤出机轴线同轴，即各装置的布局从挤出机一头开始沿直线方向按序排列。在牵引装置的牵引下，由塑料挤出机挤出未成型的热塑料分别经过真空定径套定型、冷却箱喷淋冷却，经过定型冷却后的成型管材由各自牵引装置送到各切割装置，当管材达到要求的长度后，切割装置按预先调好的程序进行自动切割，切断的管子由卸料系统分别卸料。这样就完成了塑料硬管生产的一个周期，周而复始就能生产出所需的塑料硬管。通过调节牵引装置中牵引履带与塑料挤出机的相对速度，就可得到不同壁厚的管材，下面先对挤出机的主机和辅机做进一步介绍。

4.1.2.1　管材挤出机主机简介

（1）螺杆。螺杆是完成塑料输送、混炼和塑化的关键零件。由于两根螺杆互相啮合，并异向旋转使进入螺槽内的物料向前推进。由图4-1-1可以看出螺杆是螺旋形的，由不同的螺距分段组成，这样的构造可更好地实现输送、压实、混炼、塑化和排气。螺杆芯部设有外循环式自动温度控制系统，采用耐高温介质（一般能耐热200 ℃以上，不会汽化的液体即可，如导热油DJ-300）。当螺杆加热到工艺所需的温度（一般应低于挤出段的控制温度）时，物料被油泵送入螺杆的内孔，使螺杆的挤出段能适当冷却，不会受剪切热而超温。在进料段，由于大量冷粉料吸入，致使螺杆的温度降低，高温介质对螺杆的进料段则起到加热作用，促使物料加快塑化，以提高挤出机的产量。油箱内的高温介质要经常检查，尤其是首次开机以后，导热油应最低保持在油箱1/2的高度。螺杆使用高强度的氮化钢制成，经氮化处理后，具有较高的硬度和良好的耐磨性及一定的耐腐蚀能力。

（2）机筒。机筒是容纳塑料和螺杆的重要零件，见图4-1-2，其两个内孔是平行的，形状似“∞”排列。与螺杆一样，机筒也采用氮化钢制成，内孔经氮化处理，以达到较高的硬度和良好的耐磨性，并具有一定的耐腐蚀能力。在机筒的外表面装有加热器、冷却风机和水冷却铜管，由加热器产生的热量经机筒传给塑料，使塑料熔融塑化。与加热器相对应，在机筒上设有相应测温点，各段温度可根据加工所需的温度任意设定，并能自动控制。

图4-1-1 螺杆实物图

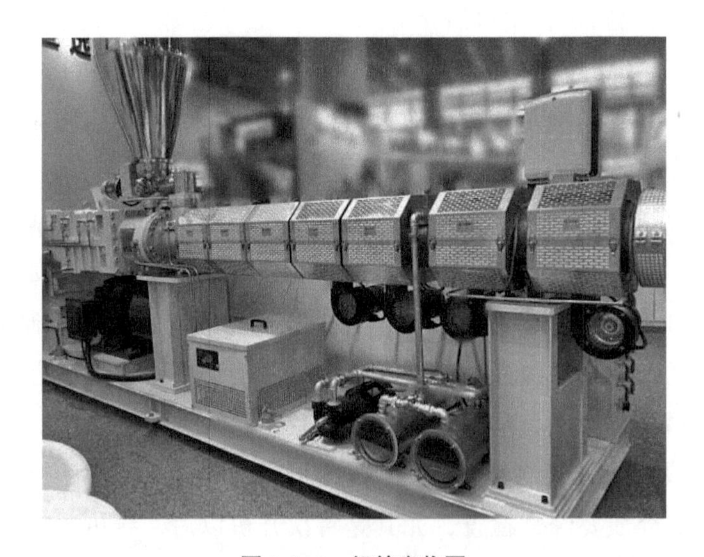

图4-1-2 机筒实物图

（3）传动系统。传动系统是指电动机的运转带动两根螺杆以所需的扭矩均匀旋转的整个系统。为了适应各种规格塑料制品的生产需要，螺杆应具有不同转速来满足工艺要求。有些挤出机采用变频器调速系统控制交流电机的转速，电机转速在0～988 r/min范围内是无级调速的，可以任意设定，减速器以及分配齿轮箱使两根螺杆的转速在5～39.5 r/min范围内，实现平滑无级调速，螺杆的转速值在电脑显示屏上显示。

（4）加热冷却系统。加热冷却系统的功能是保证挤出机能够正常运转，以及保持挤出机有稳定的工艺温度。在机筒前端设置一组大功率的铸铝式电阻加热器，用于加热进入的大量冷料，以及促使物料塑化。加热器之所以采用铸铝式电阻加热器，这是因为其导热均匀、成本低，使用寿命长。为了提高螺杆的转速，避免物料产品因剪切热而超温，所以后几段分别设置了风冷却系统。在每段的加热器中部设置了测温点，由K型热电偶测温、执行温度调节仪显示（PID）和自动控制温度。当温度低于设定温度时，加热器能自动通电加热；当温度达到设定温度的附近时，加热器能自动断电或通电以保持机筒温度的恒定。如果受剪切热或摩擦热等影响，当温度超过设定值的一定数值后，能自动打开风机和水冷却电磁阀，对机筒进行冷却，直到不超温为止。

（5）真空排气系统。为了提高塑料制品的质量，在机筒中段的上面开有排气口，由真空泵把混在塑料中的低分子挥发物、空气和水分等排出。真空泵的水管和气管安装好后，进水由电磁阀控制，开泵电磁阀接通，对水环式真空泵供水；停泵电磁阀断开，停止供水。

（6）定量喂料装置。定量喂料装置的主要功能是使加料量与挤出量互相匹配，达到最佳稳定挤出条件。由于塑料在双螺杆挤出机中的挤出是强制输送的，所以加料口的加料量必须与螺杆的挤出能力相适应。加料量不足时，料在螺杆内不能压实，不但挤出产品质量差、产量低，而且在排气口真空泵会把粉料吸出，直接影响排气系统的正常运行；相反，加料量太多时，会使机器的负荷增大，也有可能在排气口产生冒料。

（7）合流芯。合流芯是连接机筒与模具的部件，使机筒出口处由两个孔逐步过渡成一个孔，将物料挤入机头。合流芯的外表面装有加热圈，以防熔融态的塑料冷却。在加热圈中间有测温点，可按工艺要求进行温度设定。

（8）模具。模具是挤出机中把物料最后挤制成型的部件，生产过程中可以根据具体要求，通过模具挤出不同规格的产品。

挤出机主机的关键指标见表4-1-2。

表4-1-2 挤出机主机的关键指标

序号	类别	指标
1	螺杆直径/mm	75
2	长径比	28:1
3	螺杆数量/根	2
4	螺杆旋转方向	异向向外旋转
5	螺杆转速/($r \cdot min^{-1}$)	39.5
6	最大设计产量/($kg \cdot h^{-1}$)	300
7	主机加热功率/kW	26.5
8	机筒加热区段/段	7
9	机筒冷却段/段	4
10	机筒冷却形式	风冷
11	螺杆内部加热冷却形式	外循环式油介质加热冷却
12	真空排气系统中真空泵功率/kW	4

4.1.2.2 挤出机辅机

（1）真空定径冷却装置。真空定径冷却装置主要由真空定径箱、冷却箱、循环冷却系统、真空形成系统及安装固定它们的机架、底轨等组成。真空定径箱、冷却箱均用不锈钢板制造而成，横截面呈八角形。真空定径箱一分为二，顶面装有活络钢制翻板盖，便于检查和维护；箱内装有若干对塑料管材进行冷却的喷淋水管，在喷淋水管各自的输入端、输出端及上盖部位均装有密封衬垫，以保证喷淋水管的密封性。

循环冷却系统主要由离心泵、进水管、管路和阀等组成。为了防止冷却水过热，真空泵排出的水直接排放到管道里，而冷却水不断地从进水管进入定径箱中给予补充。真空形成系统采用水循环式真空泵，真空泵通过接管与定径箱内部接通，将定径箱中的空气从真空泵中排出，调节真空调节阀可获得定径箱中正常工作所需的真空度。

机架由型钢焊接而成，主要用于真空箱、冷却箱、真空泵、管道泵等零部件的安装，机架上装有4个滚轮，机架通过滚轮安放在由工字钢或角钢制成的底轨上，使其便于在外力作用下进行前后移动。

在机架的两头装有由升降蜗轮箱、导柱、导套结合而成的移动座，移动座通过导轨、导柱与机架、真空冷却泵连接。转动手轮便可方便地使真空冷却箱做上、下、左、右移动，实现真空冷却箱的轴线与主机轴线对中。在机架上还装有一台由电机带动的蜗轮减速箱，输出端为一T形螺杆，与之配合的螺母固定在底轨上，当接通电机电源后，T形螺杆转动，从而带动整个机架做前后移动。真空定径冷却水箱实物图见图4-1-3，其主要技术参数见表4-1-3。

图4-1-3 真空定径冷却水箱实物图

表4-1-3 真空定径冷却水箱主要技术参数

序号	类别	指标
1	真空定型机长度/mm	8000
2	管径范围/mm	25～110
3	中心高/mm	1050
4	水泵(机械密封)数量/个	2
5	水泵功率 /kW	4
6	真空泵(机械密封)数量/个	2
7	真空泵功率/kW	4

续表4-1-3

序号	类别	指标
8	移动电机功率/kW	0.75
9	移动方式	丝杆传动
10	箱体材质	不锈钢（1Cr18Ni9Ti）

（2）牵引装置。牵引装置主要由机架、牵引装置、传动系统及牵引履带升降装置等组成。牵引机架由型钢焊接而成，用于安装牵引装置及传动系统。牵引装置为多楔带双管塑料硬管辅机的牵引结构，由牵引装置骨架、多楔带轮及楔带等组成。橡胶块链条式双管塑料硬管辅机的牵引装置由牵引装置骨架主从动链轮、链条及橡胶块等组成。传动系统是使牵引装置获得动力，由电机通过减速机链轮、链条、齿轮箱分别将动力传输给牵引装置传动轮，从而带动牵引履带运动的系统，其电机是用伺服驱动调速的，所以牵引速度可以无级调速。牵引履带升降装置上架的升降是由气缸带动的，下架的升降可通过调节螺丝来进行，升降速度可以根据生产管材的直径大小和所需牵引力的大小方便地进行调节。牵引装置的实物图见图4-1-4，其主要技术参数见表4-1-4。

图4-1-4　牵引装置实物图

表4-1-4 牵引装置主要技术参数

序号	类别	指标
1	设备尺寸/mm	2000×1300×2100
2	适用管子范围/mm	25～110
3	中心高/mm	1050±50
4	最大牵引力/kN	8
5	牵引速度/$(m·min^{-1})$	1.5～10
6	履带接触长度/mm	750
7	驱动电机功率/kW	1.0
8	履带开合度	60
9	履带宽度/mm	80

（3）切割装置。切割装置起着切断硬管的作用，它主要由夹紧、切割进给、直线移动等几部分组成。夹紧部分主要由固定夹板和移动夹板组成，固定夹板可根据管材外径预先调整好，活动夹板则由气缸控制，当管材达到要求的长度时，夹紧气缸动作将管材夹紧，为切割做好准备。在管材夹紧的同时，整个切割系统沿两根直导轨做直线移动，推杆推动切割系统前移，其移动速度由牵引上的电磁离合器控制，确保与牵引速度同步。当切割完毕，管材松开后再由气缸带动切割系统退回原位。切割部分由圆形刀片及带动锯片高速旋转的电机组成。整个系统安装在可绕支点摆动的支架上，切割部分的进刀和快速退刀由气缸上调节阀调整其进气量大小来完成。切割装置的实物图见图4-1-5，其主要技术参数见表4-1-5。

（4）卸料装置。卸料装置是用来停放挤出管材的一个台架，它由机座摆动托板、控制气缸等组成，当切割装置的夹紧部分松开管材后，便可控制气缸、摆动托板翻转卸料。

图4-1-5 切割装置实物图

表4-1-5 切割装置主要技术参数

序号	类别	指标
1	设备尺寸/mm	2000×1300×1900
2	切割范围/mm	25～110
3	中心高/mm	1050±50
4	控制部分	自动/手动
5	切割电机功率/kW	2.5

4.1.3 加工技术问题解决

（1）CPVC管材外表面为什么会出现波纹？怎样解决这个问题？

原因：

①CPVC管材在挤出过程中，由于定型套的冷却水量较小，管坯与定型套之间存在较大的摩擦力，导致CPVC管材在牵引过程中的震动加大，表面产生波纹。

②真空槽和水槽密封圈内径太小，导致CPVC管材牵引过程中因密封圈与管材表面静摩擦力大于动摩擦力而产生周期性滑动，进而导致管材震动，从而引起口模处形成周向痕迹，定型后形成波纹。

③真空度调节不当，真空度的大小直接影响管材的外径及不圆度。若真空度太高，则管材表面粗糙；若真空度太低，则管子整体不圆，导致在牵引过程中受力不均匀。

④口模温度太高，管坯冷却不充分，管材本身弹性变形明显而引起震动。

解决措施：

①调整定型套结构，使用孔式定型套，增大定型套的冷却水量，减小管坯与定型套间的摩擦，从而消除CPVC管材的震动。

②更换适合CPVC管材外径的真空槽和水槽密封圈，使管材的外径尺寸与真空槽和水槽密封圈内径相匹配，减小密封圈与管材表面静摩擦力。

③适当调节真空度，适当降低一室真空度，适当增大二室真空度，可减缓CPVC管材外表面波纹的出现，如图4-1-6所示，一室的真空度为-29.3 kPa，二室的真空度为-30.4 kPa。

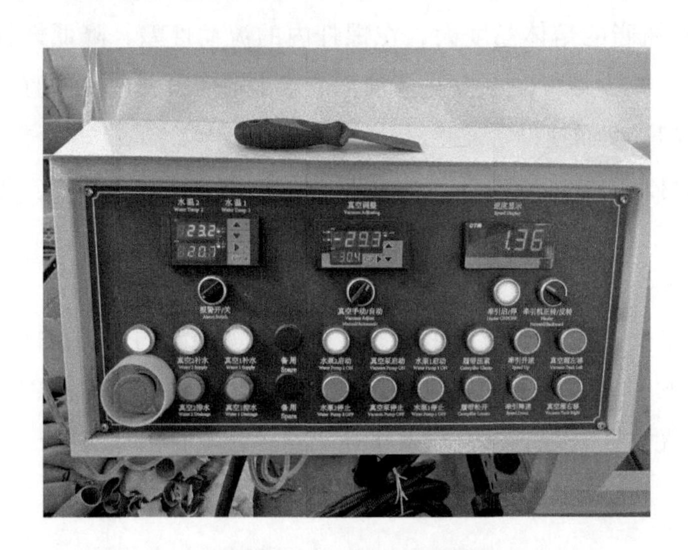

图4-1-6 真空度控制面板

④可适当降低口模温度和真空槽冷却水温或增加冷却水量，使管坯冷却充分，以减轻波纹现象。

(2) CPVC管材内壁为什么会出现毛糙有裂纹的现象？怎样解决这个问题？

原因：

①原料有杂质，导致从挤管机挤出的管材内壁出现毛糙裂纹现象。

②实际温度不准确。因控制系统失灵、仪表损坏、热电偶脱落等，在形成的假温度下无法对温度控制进行调整，使管材内壁较为毛糙。

③挤出或机头温度过低、牵引速度过快，使物料在螺杆内塑化不足，管

材内壁出现裂纹。

④螺杆在高转速下运行时，因摩擦热过高，也易引起管材内壁毛糙有裂纹的现象。

解决措施：

①更换原料，从源头保证杂质不进入挤出机螺杆。

②检查设备的各个电路元件有无失灵，确保操作中各段实际温度的真实性。

③适当调高各区段温度，同时调慢牵引速度，增大熔体在螺杆内的停留时间，使物料得到充分塑化。

④CPVC树脂的熔体黏度大，在螺杆内的流动性差，降低螺杆冷却系统的冷却油温，减少螺杆的摩擦热，油温应控制在110 ℃左右为宜，同时也要防止螺杆冷却过度而使设备发生事故。

（3）管材管内壁或外壁为什么会有类似气泡的块状凸起物？怎样解决这个问题？

原因：

①料中水分过大。水分是影响塑料粒子物理性能的重要指标，水分的存在不仅会对塑料的性能及成型加工产生有害影响，而且在高温下水会汽化，使制品产生气泡、喷射痕、表面银丝等缺陷。管材管内壁块状凸起物如图4-1-7所示。

图4-1-7　管材管内壁有块状物凸起

②原料中混有杂质或者料筒内有残留余料。当更换配方后，余料混进新料中，二者在螺杆内均发生不同程度的塑化，在挤出的过程中出现气泡。

③主机温度设置过高，导致混配料中的部分助剂在螺杆剪切下发生分解，产生气泡。

解决措施：

①合理控制原料的干燥时间。干燥时间过短，塑料粒子中的水分不能完全排出，对塑料制品的内在质量与外观质量都有影响，并会造成加工困难。干燥时间过长，则可能破坏塑料粒子本身的理化性质，如低分子添加剂降解或挥发，致使塑料热稳定性、韧性降低，脆性增加等。

②在每次混料前彻底清理混料机，避免在混料过程中引入杂质。此外，在管材加工过程中需要将料筒内的余料走完后，再开始新料的加工。

③合理降低CPVC管材挤出机螺杆温度和模具温度，并及时观察挤出的管材，根据情况适时进行调整。

（4）CPVC管材挤出加工过程中各区的温度如何设定？

①一般料筒一区为加料段，温度不能太高，否则影响下料；温度太低又不利于压缩段的压缩塑化，故温度一般设定为200～210 ℃左右。

②料筒二区、三区分别为压缩段、均化段，需要提供较多的热量使物料加快塑化，但温度又不能太高，长时间高温会使物料在高温和高剪切力下分解，给质量造成隐患，一般设定190～200 ℃左右。

③四区为均化混炼段，在此区物料基本已经塑化完全，不需要太多的热量，一般设定在180 ℃左右，以使料流进一步塑化。

④由于流道变窄，压力、摩擦力较大，产热也多，为保证料流顺利通过，连接体合流芯温度应设定在200 ℃左右。

⑤物料通过合流芯后再次分流，为保证料流的顺畅和塑化的质量，温度一般设定在200～210 ℃之间。

⑥为了保证管材良好的外观和消除熔接痕，口模区温度一般设定在210 ℃左右。

CPVC管材挤出机的温度设置如图4-1-8所示，此温度设置仅作参考，不同的设备对温度要求并不完全一样。总之，温度设定的原则是在满足生产的前提下尽量采用低温挤出，最大程度减少原料在熔融和塑化过程中的分解。

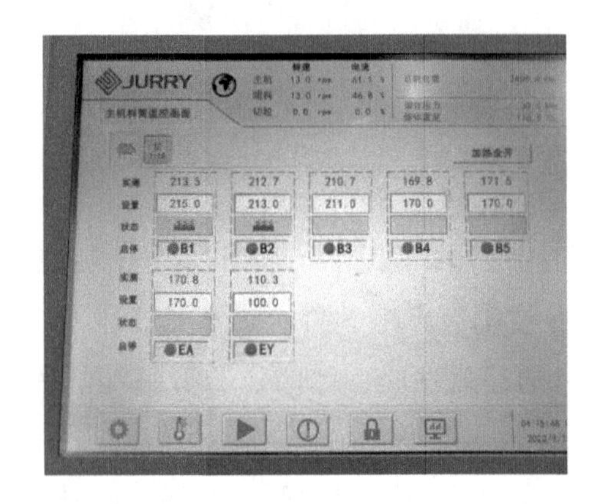

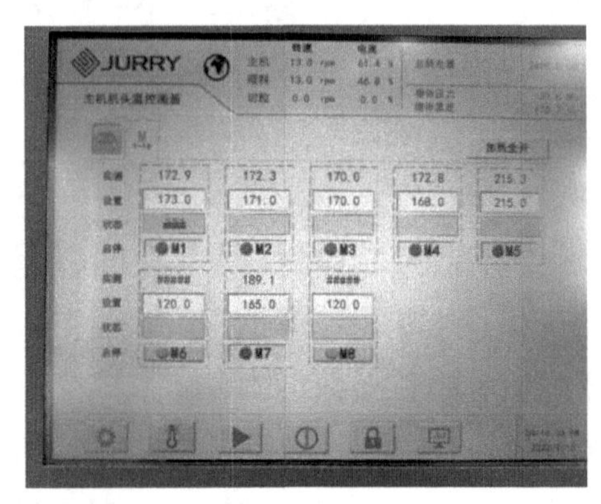

图4-1-8　螺杆温度及模具温度设定

（5）成品管材的外壁为什么会出现光泽差或半边光亮、半边光泽差的情况？怎样解决这个问题？

原因：

①CPVC管材挤出机口模温度调整过高或者过低，使管材的外壁受热不够均匀，出现温度高的部分管材外壁半边光亮，温度低的半边光泽差。

②定径套的实物图如图4-1-9所示，若口模内壁黏附有析出物或者定径套表面粗糙时，会对挤出的管材外壁产生划痕，当管材经过真空定径水箱后，经冷却划痕被放大，造成成品外壁光泽差。

图4-1-9　定径套实物图

③当CPVC管材挤出机的中心线与真空定径箱中心不在一条直线上时，管材从挤出机出来进入定径箱后发生位移偏移，对外壁的光泽度产生不利影响。

解决措施：

①适量调整CPVC管材挤出机口模温度，对挤出的管材打灯光仔细观察，调整完温度后需要给予设备一定的时间进行温度稳定，切忌过快速度调整温度。

②配方中各种助剂的占比要适量，防止过量助剂在加工过程中析出，粘在口模表面，此外要定期对口模的定径套进行清理维护，及时清除析出物。

③调整真空定径箱中心，使其与挤出机中心线在一条直线上。

（6）CPVC管内壁为什么会出现不平整的现象？怎样解决这个问题？

原因：

①内壁不规则凹陷主要原因是螺杆温度太低，物料在螺杆内达不到熔融状态，物料粗散、流动性较差，塑化不良。

②内壁规则地凸起“疙瘩”，主要是螺杆温度过高、转速太快，物料受到过高的剪切力，使部分低分子量的助剂发生分解而不能挥发导致。

解决措施：

①适当调高螺杆前三区的温度，增加主机的转速，以保证物料在螺杆内获得较高的剪切力，促进物料塑化。

②降低螺杆温度和转速，从真空排气观察孔及时掌握塑化情况。

（7）挤出的CPVC管为什么会出现发脆的情况？怎样解决这个问题？

脆性基本上反映在产品的物理和机械性能上，主要表现在切割时的塌陷、落锤冲击时的破裂。挤出的CPVC管发脆的原因有：

①配方设计不合理。配方中无机填料碳酸钙添加量过多会降低管材的物理和机械性能，另外抗冲改性剂的类型和数量也会影响管材的脆性。稳定剂的作用是抑制树脂降解，或与释放的氯化氢反应并防止CPVC树脂在加工过程中变色。一般来说，过多使用稳定剂会延迟材料的塑化时间，导致材料在退出模具时塑化较少且组分之间没有完全融合。当稳定剂的量太小时，配方体系中相对低分子的物质可能会降解或分解（也称为过度增塑），并且每种组

分的分子间结构的稳定性可能会被破坏。因此，稳定剂的量也会影响型材的冲击强度，太多或太少会导致轮廓强度降低并使轮廓变脆。

②材料塑化过度或不足。这与过程温度设置和进料比有关。如果温度设置得太高，材料会过度塑化，一些分子量较低的组分会分解和挥发。如果温度设置得太低，流体之间就不会有分子完全融合，分子结构不强。但是，进料比过大，导致材料的受热面积和剪切力增加，压力增大容易引起过度塑化；如果进料比太小，材料的加热面积和剪切力将减小，这将导致较少的塑化。无论是过度塑化还是较少塑化，都会导致管材发脆。

③产品中的低分子组分未被排出。在产品中产生低分子量组分有两种途径，一种是在热混合过程中产生的，可以在热混合期间通过除湿和排气系统排出。第二种是加热时产生的部分残留和挤出的水和氯化氢气体，通常通过主机排气部分的强制排气系统排出。如果强制排气系统不开或者开度太低，产品中会残留低分子组分，导致型材的机械性能下降。

④螺杆扭矩过低。螺杆扭矩反映机器扭转变形的程度。螺杆扭矩太低在某种程度上反映了温度低或进料比小，因此材料在挤出过程中没有完全塑化，管材的机械性能会降低。根据不同的挤出设备和模具，螺杆扭矩一般设置在50%～65%之间可满足要求。

⑤牵引速度与挤出速度不匹配。如果牵引速度太快，管材内外壁的机械性能会降低；牵引速度太慢，管材的阻力很大，产品处于高度拉伸状态，这也会影响管材的机械性能。

解决措施：

①合理设计配方。无机填料的比例增大时，树脂的流动性会变差，需要加大润滑剂的用量以及升高10～20 ℃的加工温度，才能使共混物有较好的流动性。此外，填料的加入会引起物料黏度增加，从而使加工时的摩擦力增大，摩擦产生的热量也将增大，因此基体树脂在加工时更易降解，需合理加大热稳定剂的用量。

②合理设置螺杆温度和模具温度。根据螺杆功能区的不同，每一区的温度设置应该出现递减的趋势，保证共混物充分塑化。

③保证原料和助剂的含水量均低于0.30%。在热混过程中，确保高混机

的排气系统正常工作，另外要在生产过程中开启螺杆挤出机的排气真空泵，保证真空度在-0.05～0.08 MPa之间。

④当主机的转矩低于50%时，要增加主机和喂料的转速，并及时关注熔体压力的变化情况。

⑤当主机和喂料的转速增大时，要适当提高牵引速度，观察口模与定径套之间管坯的走向，不可堆积，也不可牵引太快，避免定径口部分出现漏气。

（8）挤出的管材在真空定径水箱内为什么会被拉断？怎样解决这个问题？

原因：

①CPVC管材挤出机牵引速度太快，管材在真空定径水箱内还未来得及冷却就被较大的拉力拉断。

②真空定径水箱的冷却水温较高，从口模出来进入真空定径水箱内冷却不足被拉断。

③混合料中的增韧剂的含量较低或选择不合理，挤出的管材发脆，一拉即断。

解决措施：

①适当降低牵引速度，减小管材受到履带牵引机的拉力。

②调节冷却水的进出口阀门，确保水箱内的水温在30 ℃左右，水温不可过高或过低。

③选择合适的增韧体系。增韧剂与基体树脂的相容性越好，增韧效果越优；若两者的相容性很差，会劣化材料的性能。增韧剂与基体树脂的相容性遵循“相似相溶”原则，即极性相近原则和溶解性参数相近原则，高极性树脂选用高极性的弹性体。一般来说，材料的韧性随着弹性体的用量呈S形变化，弹性体用量较少时，韧性随着弹性体用量呈线性增加；用量达到一定值后，韧性急剧增加，然后达到最大值；弹性体用量若继续增加，韧性增加幅度较小，甚至会有所下降，此时材料的拉伸强度和弹性模量会损失较大。如在CPVC树脂中加入弹性体增韧剂甲基丙烯酸甲酯-丁二烯-苯乙烯共聚物（MBS）时，加入量最大为15%。

（9）管材成品两端为什么会粗细不均？怎样解决这个问题？

原因：

①真空定径水箱的冷却水流量不稳定，水箱内温度忽高忽低，对管材的冷却不均匀。

②真空定径水箱内的真空度压力偏高，管材进入定径箱后，定径箱中的空气被真空泵大量排出，导致成品两端粗细不均。

③切管机的切割速度过慢。

④履带牵引机的牵引速度不稳定，时快时慢，管材受到的拉力不均匀。

解决措施：

①增加定径套外壁冷却水量，提高冷却效果。

②调节真空调节阀，降低真空压力以获得定径箱中正常工作所需的真空度。

③调整切管机的切割速度，保证其与牵引速度同步。

④检查牵引机器设备，修正牵引速度。

（10）管材表面为什么会出现“鲨鱼皮”现象？怎样解决这个问题？

“鲨鱼皮”现象指在挤出过程中，管壁处的剪切应力或剪切速率高于临界值时，挤出制品出现表面粗糙，继而出现疙瘩、波纹，最后出现不规则螺旋形裂痕的现象，如图4-1-10所示。管材“鲨鱼皮”现象常在模口定型阶段或出口处形成，与加工温度和挤出的线速度有关。管材表面出现“鲨鱼皮”现象的具体原因有：

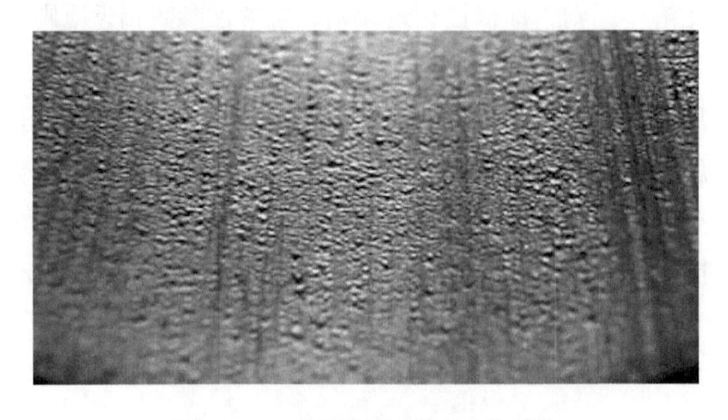

图4-1-10 管材表面“鲨鱼皮”现象

①挤出速度过快，当挤出物离开口模时，挤出物表面层的流动速度增加，形成对聚合物表面的拉伸。当拉伸速度过高时，表皮无法承受，形成外观上的“鲨鱼皮”状的纹理。

②模具定型段的温度较低，挤出物表层塑化不好。

③聚合物分子量分布窄，且黏度较高时，管材外表面容易出现“鲨鱼皮”状的纹理。

解决措施：

①降低喂料和主机的转速，进而降低挤出速度。

②提高模具定型段第五区（M5）的温度，每次按照2 ℃/10 min进行调整。

③从原料和添加剂方面采取措施，选择分子量分布宽的改性塑料聚合物，加入降低黏度的添加剂。

（11）管材外径为什么会不合格？怎样解决这个问题？

原因：

①定径套内径不合格，进而影响管材外径。

②冷却定径箱真空度过大，真空定径水箱内形成较大的负压，管材内外压力差过大，致使管材外径偏大。

③冷却定径箱真空度过小，真空定径水箱内的负压较小，管材内外压力差距不大，致使管材外径偏小。

解决措施：

①更换或修理定径套。

②降低真空度，适当提高主机的挤出速度。

③提高真空度，适当降低主机的挤出速度。

（12）牵引速度对CPVC管材加工有什么影响？

牵引速度直接影响产品壁厚、尺寸公差、性能及外观，故牵引速度必须稳定，且与挤出速度相匹配。牵引速度对CPVC管材加工的具体影响有：

①若牵引速度过快，则制品内部残余较多热量，会使制品在牵引过程中已经形成的取向结构发生解取向，从而引起制品取向程度降低。

②若牵引速度过慢，则管材壁厚越厚，容易导致口模与定径套之间积

料，破坏正常挤出生产。

4.2 管件注塑工艺控制

4.2.1 工艺简介

为保证CPVC管件的物理性能和外观质量，注塑工艺需要将混合好的物料经造粒后再使用注塑机进行生产。CPVC管件工艺流程图如图4-2-1所示：

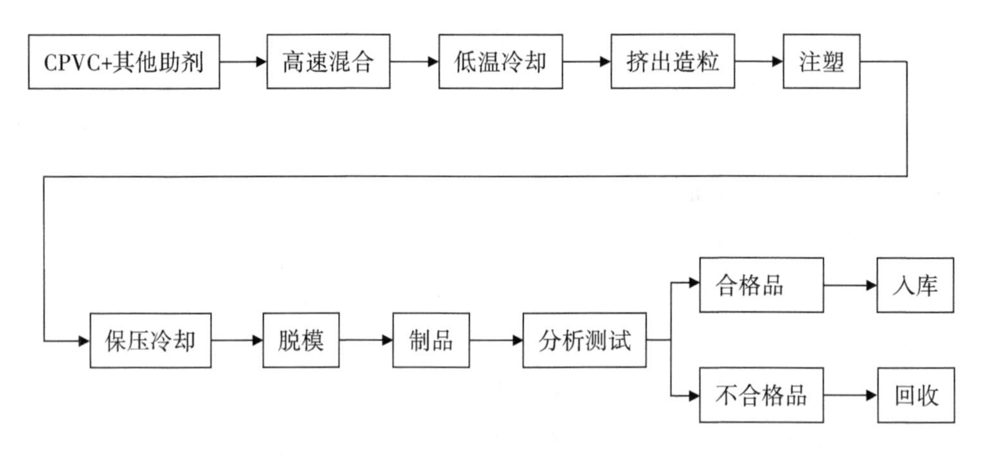

图4-2-1 CPVC管件工艺流程图

4.2.2 造粒机、注塑机简介和其主要控制点

4.2.2.1 造粒机简介

CPVC管件首先需要经过造粒工艺，然后进行注塑。由于CPVC混配料较易吸水，而水分极易对CPVC管件的品质造成不良影响，因此选择风冷模面切粒系统进行CPVC管件粒料造粒。风冷模面切粒机的常规配置有切粒机、三级风送系统、振动筛，其实物图见图4-2-2。

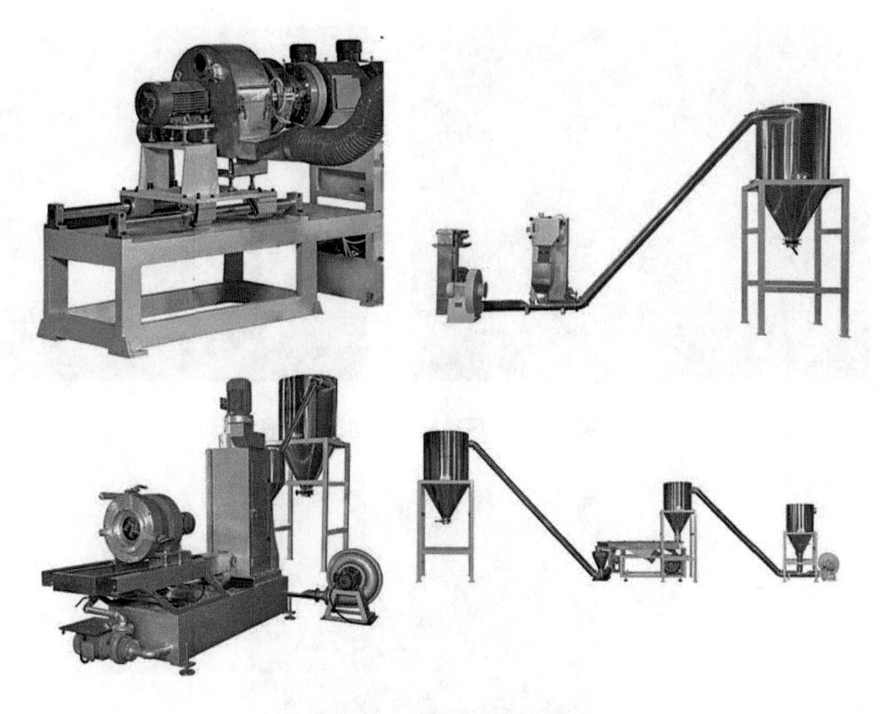

图4-2-2　风冷模面切粒机实物图

风冷模面热切机在挤出机的端部装有多孔模盘，在穿出该模盘的螺杆主轴的外伸端上装有一切刀盘。该切刀盘紧贴多孔模盘，且其切刀的长度与多孔模盘的半径相适应。螺杆主轴外伸端上还装有一圆柱压缩弹簧，该弹簧一端压紧切刀刀盘，另一端由螺杆主轴端部的联轴器支撑，如图4-2-3所示。所述装置与挤出机机头的多孔模板、切刀盘均被包容于一风罩内，该风罩连接一高压风机的送风管，且其下端设有出料口。由于整个造粒过程中物料始终没有与水分接触，所以省去了脱水干燥环节，避免了冷却水的二次污染。风冷模面热切的物料颗粒外观圆润、饱满、美观，如图4-2-4所示。风冷模面热切机的主要指标参数见表4-2-1。

图4-2-3 风冷模面热切机实物图

图4-2-4 风冷模面热切的物料颗粒

表4-2-1 模面风冷热切机主要指标参数

序号	类别	指标
1	功率/W	180
2	电压/V	380
3	电流/A	0.6
4	转速/($r \cdot min^{-1}$)	1400
5	风量/($m^3 \cdot h^{-1}$)	4800
6	风压/Pa	125

4.2.2.2　注塑机简介

注塑机也称塑料注射成型机，注塑过程是将热塑性塑料经螺杆压入螺筒，加热塑化使其达到熔化状态，随后对熔融的塑料施加一定的压力，使其射出并充满模腔的过程。注塑机一般由锁模系统、注射系统、加热冷却系统、液压系统、润滑系统、电控系统、安全保护和监察系统组成。图4-2-5为注塑机简图，注塑机的关键指标见表4-2-2。

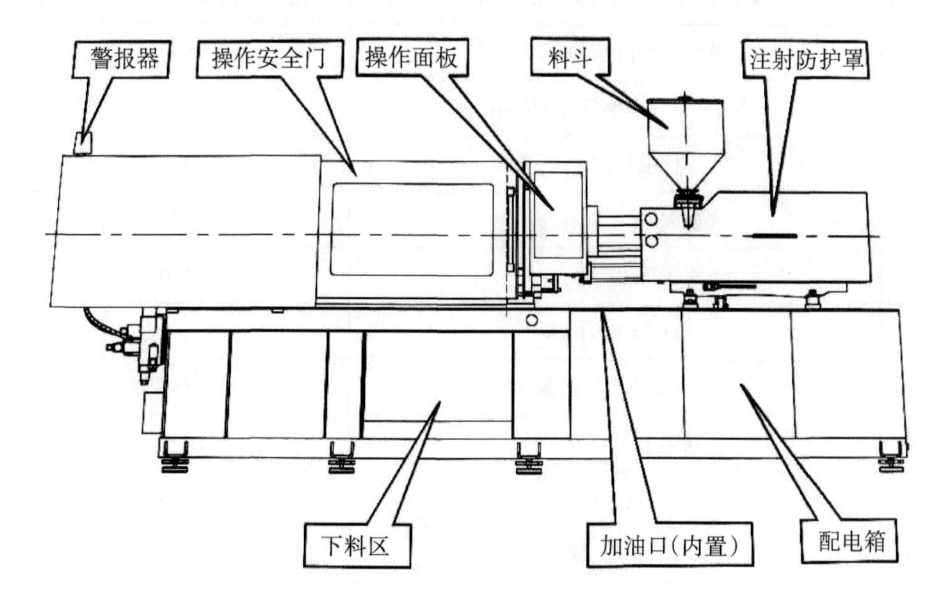

图4-2-5　注塑机简图

表4-2-2　注塑机关键指标

序号	类别	指标
1	螺杆直径/mm	50
2	(理论)注射容量/cm^3	395
3	(PVC)注射重量/g	474
4	(PVC)注射速率/($g\cdot s^{-1}$)	181
5	注射压力/MPa	137
6	注射行程/mm	201

续表4-2-2

序号	类别			指标
7	螺杆转速/(r·min^{-1})			0～100
8	料筒加热功率/kW			12.2
9	锁模力/kN			1600
10	(水平×垂直)拉杆内间距/mm			455×455
11	(最大)允许模具厚度/mm			500
12	(最小)允许模具厚度/mm			180
13	移模行程/mm			420
14	(最大)模板开距/mm			920
15	液压顶出行程/mm			140
16	液压顶出力/kN			33
17	液压顶出杆数量			5
18	油泵电机功率/kW			15
19	油箱容积/L			175
20	(长×宽×高)机器尺寸/m			5.34×1.35×2.03
21	机器重量/t			4.4
22	(长×宽)最小模具尺寸/mm			330×330
23	模具平行度/μm	模具厚度/mm	≥180～250	60
			250～400	80
			400～460	100

4.2.2.3 主要控制参数

(1) 注塑量。注塑量是指对空注射PS树脂的最大重量，是注塑机最常用的参数之一。当塑料制品的材料有别于PS树脂时，规格参数的注塑量要经过以下换算后才可使用：$m=cb/1.05$（其中m为其他树脂注塑量，b为该树脂的密度，c为以PS树脂表示的注塑量）。例如：PP树脂的密度是0.90 g/cm^3，螺杆注塑机的注射量参数为139 g，因此，此机以PP树脂作为原料时的注射量为139×0.9/1.05≈119(g)。根据实际经验，制品的总重量最好控制在注射量的85%以内，对非结晶性树脂可取大值，对于高黏度的树脂宜取小些。

（2）锁模力。锁模力是指熔料注入模腔时模板对模具形成的最终锁紧力，是注塑机最常用的参数之一。锁模力不足时会产生“飞边（披锋）”，选择机型时应确保制品加工所需锁紧力小于机器的锁模力。锁紧力通常用型腔内的平均压力与模腔投影面积的乘积来计算。其中型腔内平均压力一般取20～40 MPa，具体要根据树脂特性、制品要求、制品流长比等因素来确定。准确的锁紧力可在设计模具时由电脑模拟计算得出。

（3）注射压力和注射速率。注塑机的规格参数中，注射压力是指注射时料筒内前端熔料所受的最高压力，而非注射系统油压的最高压力，注射压力与油压的关系是反比于螺杆横截面积与射料缸面积之比。注射速率指单位时间内从喷嘴射出的熔料量，其理论值是料筒内截面积与速度的乘积。目前注塑工艺对注射速率的要求趋向是不仅数值要高，而且要在注射过程中可进行程序设计（即分级注射），具体要根据使用的树脂原料和加工制品的特点，对熔料充模时的流动状态实现有效控制。对于某些流长比大，需要注射速率特别高的产品，还可配置蓄能器辅助装置，以达到理想的制品效果。

（4）模具厚度与最大开模行程（S）。注塑机的规格参数中一般都有最大模厚和最小模厚（或容模量），代表注塑机能容纳的模具厚度。注塑机的移模行程是有限制的，取出制件所需的开模距离必须小于注塑机的最大开模行程。对于单分型面的注塑模具，开模行程为$S \geqslant H_1+H_2+5$～10（mm），式中H_1为脱模距离（通常等于模具型芯的高度，但对于脱模斜度较大或内表面为阶梯状的制件，有时无须顶出型芯的全部高度，就可取出产品，故脱模距离H_1需视具体情况而定，以制件能顺利取出为度）。H_2为制件高度（包括浇注系统），对于三板式双分型面注塑模具（带针点浇口的模具），开模距离需要增加定模板与浇口板的分离距离，此距离应足以取出浇注系统的凝料。

（5）模具安装部分的相关尺寸。模具的长宽尺寸须与注塑机模板尺寸和拉杆内间距相适应，保证模具能通过拉杆内间距顺利安装到模板上。定位时应考虑到：模具的主流道中心与料筒喷嘴的中心线相重合；模具上的定位环尺寸与注塑机定模板上的定位孔尺寸相一致且采用间隙配合；注塑机喷嘴的球面半径与相接触的模具主流道始端的球面半径相吻合；模具公母模的模脚尺寸与注塑机动定模板上的螺纹孔排列相匹配。

（6）螺杆与料筒。为获得良好的制品，料筒内的熔料必须有较佳的塑化混合效果和均匀程度。良好的塑化能力对产品的成型效率有至关重要的影响，对磨损性物料（如玻璃纤维增强塑料等）和腐蚀性物料（如硬质PVC树脂）需要开发出相应的塑化装置，如PVC树脂专用装置、PC树脂专用螺杆、双金属螺杆料筒、双金属喷涂螺杆等。

（7）顶出行程。具有有效的顶出距离才能使成型的产品顺利地从模具上脱离，方便下一模动作的延续（模具无自顶模功能）。顶出行程应根据产品的外形和模具的设计结构进行合理的选择，一般机器的顶出行程是固定的，订购机器时，顶出行程宜取大，以便适合更多种类的产品。

（8）微处理器。微处理器的速度和功能直接影响到制品的品质和报废数量，提高微处理器的速度和功能对无废品生产十分重要。对微处理器的监测和纠正愈频繁，注塑机各装置的重复性精度就愈高，加工的制品品质也就愈稳定。选购机器时应根据自身产品的要求精度来选择合适的控制器，控制器的好坏直接关联到机器的性能和成本。

（9）液压控制系统。目前，除了全电动式注塑机外，大部分注塑机都是由液压系统控制，通过调节各种控制阀来控制油液的压力、流量及流向，从而实现注塑机的各种操作。

4.2.3 加工技术问题解决

（1）注塑件表面为什么会产生气泡？怎样解决这个问题？

注塑件在注塑机内的完整生产过程如图4-2-6所示。

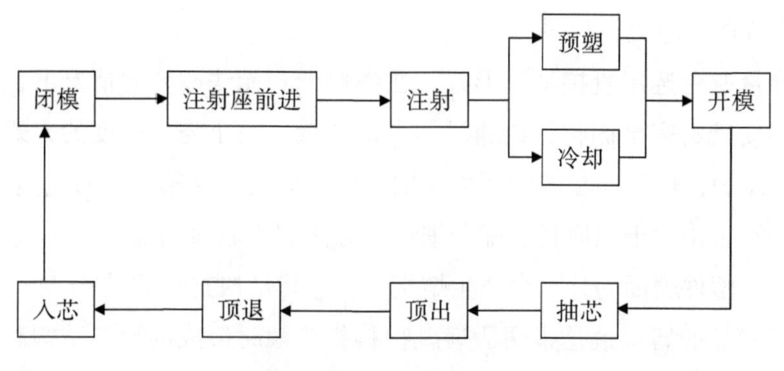

图4-2-6 注塑工艺流程图

注塑件表面产生气泡的原因有:

①注塑成型条件控制不当。注射速度太低或者注射压力偏低，模具内的气体来不及排出，熔料内残留过多的气体，注射制品则很容易产生气泡。

②模具温度或者熔料温度不当，料筒温度过高。模具温度和熔料温度过高时会造成熔料降解；若温度过低，又会造成充料压实不足，塑料内部容易产生空隙，形成气泡。此外，料筒温度过高主要指供料段的温度设置过高，这种情况下易产生回流返料而引起气泡。

③模具浇口位置不当或者浇口截面太小。如果模具的浇口位置不当或浇口的截面太小，主流道和分流道狭长极窄，使流道内有储气死角或者模具排气不良，进而导致注塑件表面出现气泡。

④模具型腔的压力太高，熔料倒流。选择浇口形式时，如果采用直接浇口形式，在保压完成后，型腔的压力高于浇口前方压力，如果此时直接浇口处熔料未固化完全，就会发生熔料倒流现象，使注塑件表面形成气泡。

⑤原料不符合使用要求，如果成型原料中水分含量超标、料粒大小不均，都会使注塑件表面出现气泡。

解决措施:

①适当降低流向速度，慎重调整注射速度和注射压力。

②一般情况下，控制模具温度稍高于熔料温度，适当降低料筒温度，在这样的工艺条件下，可减少注塑件表面气泡的产生。

③检查模具浇口位置和浇口截面，调整模具的结构参数，浇口的位置应

设置在塑件的壁厚处。

④尽量避免选用直接浇口形式，在浇口形式无法改变的情况下，可延长保压时间使熔料完全固化，或通过加大供料量、减小浇口锥度的方式增大浇口前方的压力，使其与型腔的压力差别不大，以缓解注塑件表面气泡的形成。

⑤分别采用预干燥原料、筛分细料等方法解决原料问题。

（2）注塑件表面为什么会产生熔接痕？怎样解决这个问题？

塑料制品的熔接痕是指两股熔融物料相接触时形成的形态结构和力学性能完全不同于其他部分的三维区域，它是影响塑件质量的一个重要因素。研究发现，在相同工艺条件下熔接痕区域的强度只有原始材料的10%～92%，这严重影响注塑制品的正常使用。注塑件表面产生熔接痕的原因有：

①熔体温度较低。在加工过程中，树脂的分子链缠结难以打开，物料不易塑化，熔接痕区域的拉伸强度降低。

②注射压力和保压压力较小。注射压力是塑料熔体充模和成型的重要条件，其作用是克服塑料熔体在料筒、喷嘴及浇注系统和型腔中流动时的阻力，给予塑料熔体足够的充模速度，对熔体进行压实以确保注塑制品的质量。保压压力是指注塑过程中，型腔被充满后螺杆并不立即后退，仍继续对前端熔体施加的压力。在保压阶段，模腔内的塑料因冷却收缩而体积变小，若这时浇口未冻结，螺杆在保压压力的作用下缓慢前进，可使塑料继续注入型腔进行补缩。

③注射速度和注射时间设置不合理。熔接痕的强度对注射时间非常敏感，会随着注射时间的缩短而增强。但是注射速度过大，容易产生湍流（熔体破裂），严重影响塑件的性能。

解决措施：

①升高温度可以加速聚合物的松弛过程，减少分子链缠结的时间，这样更有利于物料前端分子的充分熔合、扩散和缠结，从而提高熔接痕区域的强度。实验证明，提高熔体温度有利于减少塑件表面V形口的深度，当熔体温度从220 ℃提高到250 ℃时，V形槽的深度从7 μm下降至3 μm。经研究发现，温度对含有33%玻璃纤维增强的尼龙66（PA66）注塑制品熔接痕拉伸能力有影响，无论有无熔接痕，试样拉伸强度都会随着熔体温度的升高而升高，但

温度变化对熔接痕拉伸强度的影响并非线性的，温度相对较低（如70 ℃）时，随着温度的升高熔接痕的拉伸强度变化明显；但当温度升到一定程度时，这种变化相对变缓。

②提高注射压力有助于克服流道阻力，把压力传递到熔体前锋使熔体在熔接痕处以高压熔合，增加熔接痕处的密度，从而使熔接痕强度得到提高。提高保压压力不仅可以给熔料分子链的运动提供更多的动能，而且能够促进两股熔体的相互结合，从而提高熔接痕区域的密度和熔接痕的强度。一般保压压力小于等于注射压力。

③提高注射速度和缩短注射时间会减少熔体前锋汇合前的流动时间，降低热损耗，并会加强剪切生热使熔体黏度下降、流动性增加，从而提高熔接痕强度。通常注射成型时应采用先低压慢速注射，然后再根据塑件的形状来调节注射速度的方式。在实际生产中，为了缩短生产周期，避免出现湍流的情况，更多的是采用中等较高的注射速度。注射速度影响熔体在型腔内的流动行为，也影响型腔内的压力、温度及制品的性能。注射速度增大，熔体通过模具浇注系统和型腔的流速变大，物料受到的剪切作用就越强烈，摩擦生热就越大，致使熔体温度上升、黏度下降，物料流程延长，型腔压力提高，制品熔接痕的强度也提高。

（3）注塑件表面为什么会产生喷射纹？怎样解决这个问题？

通常熔融的树脂是以喷流的形式来流动的。但是当熔体从狭窄处流到宽阔处时，如果流速偏快，有时就会呈带状飞出，并且在不接触模具的情况下流动，这时会产生喷射纹。根据喷射纹在成品表面的表现方式，有的呈带状，有的则呈雾状，但它们产生的原因都是一样的。注塑件表面产生喷射纹的具体原因有：

①浇口尺寸偏小。发生喷射纹的最大原因是浇口尺寸偏小，不妨想象一下水枪，就不难理解喷射纹这一现象了。孔（浇口）越小，飞出去的力量就越足，喷射纹也会因此而变得越发严重；孔小意味着该处的压力高，流速快。图4-2-7示意不同的浇口下形成的喷射纹。

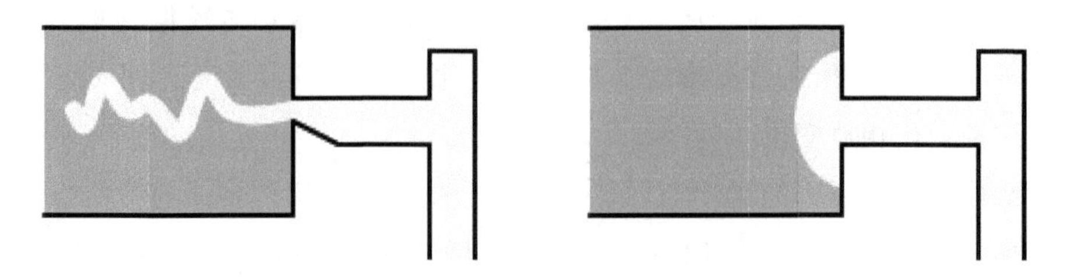

图4-2-7　不同的浇口下形成的喷射纹

②注射速度偏快。在浇口直径相同的情况下，注射速度越快，喷射纹就越严重，如图4-2-8所示。

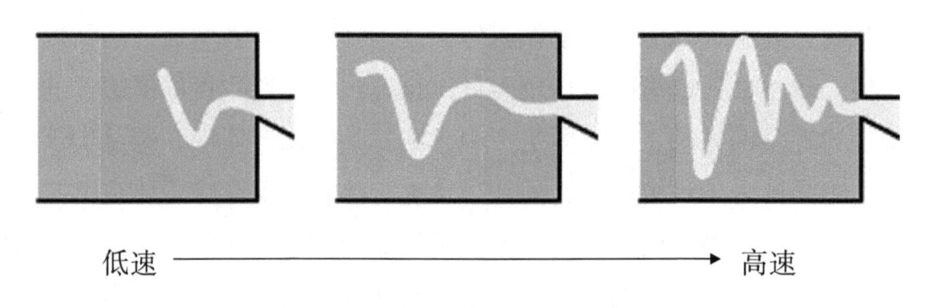

图4-2-8　不同注射速度下的喷射纹形成图

③黏度偏高/流动性偏低。在浇口直径和注射速度相同的情况下，树脂的黏度越高，流动性越低，喷射纹就越严重。

④保压偏低。保压在一定程度上会使喷射纹变得不太明显。相反，如果未充分施加保压，喷射纹就会很明显。

解决措施：

①尝试增大浇口尺寸。首先检查能否更改浇口尺寸，虽然这取决于产品的形状和大小，但有余地的话，可以通过更改浇口尺寸来消除喷射纹，最好采用短而宽的浇口流道，如图4-2-9所示。另外，呈扇形状打开并带有角度的设计样式也很有效。

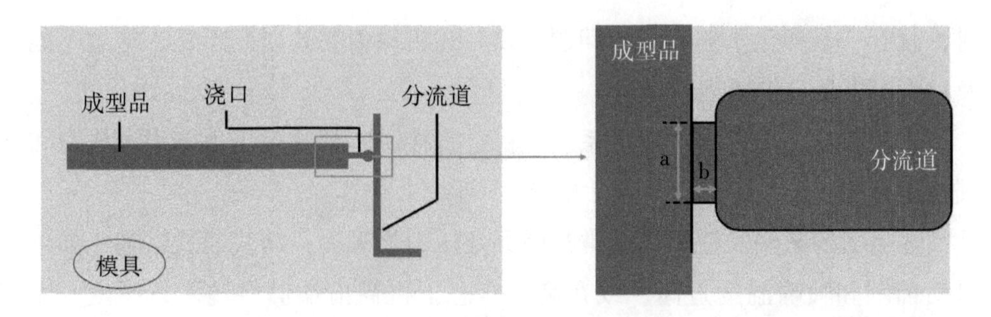

图4-2-9 改更浇口尺寸的图示

②尝试更改浇口位置。检查能否更改浇口位置。喷射纹基本上是由于树脂飞出去的力量很大而产生的，且飞出去的目标空间越开阔就越严重。如果从浇口飞出去的树脂很快碰壁的话，喷射纹即可消除。即使在无法更改浇口位置的情况下，如果能够在产品模腔内的浇口正面另外设置壁类东西，则有望获得同样的效果，如图4-2-10所示。

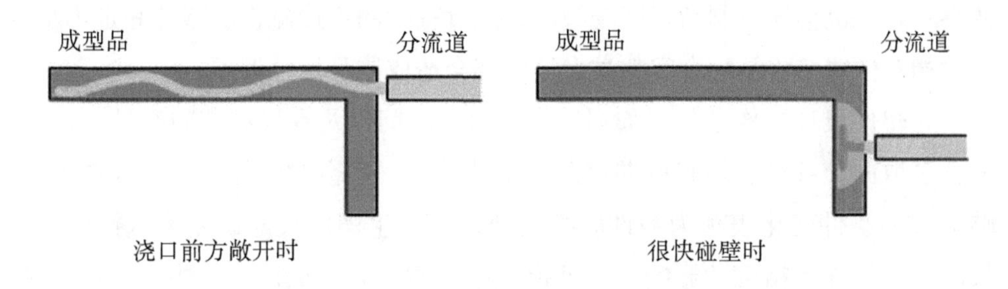

图4-2-10 因浇口位置而异的喷射纹

③降低注射温度。尝试降低注射速度的设定，采用多段注射并且只减慢通过浇口时的速度，要注意不是整体降低。

④检查保压。提高保压有时也可掩饰喷射纹，但必须检查保压压力是否充足。

(4) 注塑件为什么会产生尺寸差异？怎样解决这个问题？

原因：

①注塑机塑化容量小。当注塑件的质量超过注塑机实际最大注射质量时，显然供料量是入不敷出的。当注塑件的质量接近注塑机实际注射质量

时，就有一个塑化不够充分的问题，物料在机筒内受热时间不足，导致不能及时地向模具提供适当的熔料。

②液压系统不稳定。液压系统不稳定直接影响到注射压力、保压压力和锁模压力的稳定，造成制品尺寸稳定性下降。

③喷嘴的影响。注塑机通常都因顾及压力损失而只装直通式喷嘴。如果机筒前端和喷嘴温度过高，或在高压状态下机筒前端储料过多，产生“流涎”使塑料在未开始注射而模具敞开的情况下，意外地抢先进入主流道入口并在模板的冷却作用下变硬，便会妨碍熔料顺畅地进入型腔。此外，若喷嘴太小，由于流通直径小，料条比容增大，容易制冷堵塞进料通道或消耗注射压力；若喷嘴太大，则流通截面积大，塑料进模的单位面积压力低，易形成射力小的状况。

④模具制造误差对制品尺寸精度的影响很大，尤其是成型零件的加工精度及装配尺寸误差等会直接影响制品尺寸。单个零件虽加工准确，但装配时调整不好，也会导致制品精度变差。装配过程中的零件碰伤、型芯固定不牢、零件相对位置偏移及配合间隙过大等，都会造成制品尺寸偏差。

⑤塑件成型操作条件，如温度、压力、时间以及在成型期间塑件中产生的分子取向、纤维状填料取向以及分子结晶等，均会对塑件尺寸精度产生影响。成型条件变化表现为塑件收缩波动，是产生塑件尺寸误差的直接原因，仅次于模具加工精度的影响。另外模温高、温差大、浇口冻结快，也是造成塑件尺寸精度差的原因。

⑥模具使用过程中造成的碰伤或型腔型芯表面被腐蚀等也会影响制品尺寸。有些材料，在成型时还会产生析出物附着于成型部位表面形成模垢，严重时也影响制品尺寸。

解决措施：

①根据注塑件的质量要求选择合适的注塑机，确保注塑件的质量要小于注塑机实际注射质量，这样才能保证物料在注塑机内发生充分塑化。

②检测液压系统相关配件，确保液压系统尽可能稳定运行。

③降低机筒前端和喷嘴的温度，避免塑料在未开始注射而模具敞开的情况下，出现意外抢先进入主流道入口并在模板的冷却作用下变硬的情况，并

选择大小合适的喷嘴，保证注射压力的合理。

④型腔尺寸必须正确，保证在要求的公差范围之内，任何方向的偏差都将影响制品尺寸的准确性。此外，模具总体加工质量也应有保证，因模具是由多个零件组合而成，尤其当型腔采用镶拼结构时，相关零件的尺寸准确装配是保证模具最终质量的关键环节。

⑤通常塑料熔体温度高、模腔内压力传递快、塑件收缩小时，塑件尺寸精度高。但模内压力高、保压时间长，亦有塑件尺寸精度高的结果。

⑥模具使用过程中要小心谨慎，避免造成碰伤。每次使用结束后需要及时对模具进行清理，防止型腔、型芯被表面残留物腐蚀。

（5）注塑件表面为什么会产生白化现象？怎样解决这个问题？

白化现象是指稳定剂等添加剂迁移到产品表面，使产品表面呈现出的像喷了粉的白色现象，注塑件表面产生白化现象的原因有：

①模具表面不光洁，甚至过分粗糙，加大了脱模阻力，制件承受不住过量的负荷出现白化。

②模具内排气孔道不足，型腔内的大量气体因无法及时排除和熔料发生一定的变化，从而使得制件出现白化。

③注射压力太大，脱模斜度太小，在加强筋处出现倒角的情况，制件的脱模力和树脂弹性极限接近，导致制件出现白化。

④顶出装置设置不合理，制件顶出部分太过薄弱，面积太小，加上推杆的数量太少，导致制件内部位置所受应力集中，使得制件出现白化。

⑤生产环境的温度太高，或者过分潮湿，制件受温度和湿度的影响，很容易出现白化的问题。

⑥机台长期工作残留其他原料，生产前没有及时清理，残留料和原料混合在一起，原料性能就会受到影响，易导致制件出现白化。

解决措施：

①更换表面光滑的模具，对模具进行日常必要的维护。

②增加模具内的排气孔道，在注射的过程中及时排除物料产生的气体。

③适当减小注射压力，合理控制脱模的斜度。

④稍微加强制件顶出部分，增大其面积，增加推杆数量，分散制件内部

位置所受应力。

⑤确保生产环境处于干燥的状态，室内温度不可过高或过低。

⑥及时清理残留料，保证生产设备周围无残留料。

（6）注塑件表面为什么会产生银纹现象？怎样解决这个问题？

银纹也称为银线、银丝，是由于原料中的空气或湿气挥发，或者有异种塑料混入分解而烧焦，在制品表面形成的喷溅状的痕迹。这些银纹通常形成V字形，尖端背向浇口。注塑件表面产生银纹现象的原因有：

①当原料含水量过大时，加热会产生水蒸气，气体在挤出过程中爆裂，分布在制品表面后被拉长成银色条纹状，致使制品表面出现银纹。

②在塑化时，由于螺杆工作不力，物料挟带的空气不能排出，导致产生银纹。

③在某些情况下，料筒至喷嘴的温度梯度设置太大，物料在较大的剪切力下过度塑化而产生银纹。

解决措施：

①在物料方面，选择吸湿性小、流动性好的物料，或者采用好的干燥设备使物料充分干燥。

②选用较大压缩比的螺杆，在模具处开设排气槽，使物料挟带的空气容易从型腔中排出，确保气体在各段被及时排除干净。

③适当降低熔体温度，提高模具温度，稳定喷嘴温度，控制料筒到喷嘴的温度梯度在合适的范围之内，确保物料在均匀温度下塑化，减少银纹的产生。

（7）注塑件表面为什么会发生剥离现象？怎样解决这个问题？

注射成型品通常包括表层（称为皮层）和内层（称为芯层）。熔化了的树脂通过喷流进入模腔内，表层固化的同时，内层还在流动，这两层因某种原因而发生剥落的现象便是剥离现象，发生该现象的原因有：

①剪切力偏大。剥离是因树脂流动时的剪切力过大而产生的，剪切力变大的条件包括机筒（包括喷嘴）温度偏低、模具温度偏低、浇口偏小（通过浇口时剪切力变大）、产品厚度偏薄、保压压力过高和注射速度过快，特别是在厚度小且压力高的情况下容易产生这种成型不良。

②混入不同材料。不同种类的树脂混入时也会产生剥离，因为塑料中具有相溶性（完全混合）的组合非常少，不同树脂相溶的事例几乎没有。在成型过程中这些树脂被拉长变薄，在成型品内部呈层状分散，从而容易发生表层剥离。与一般的等级相比，含油的滑动等级和合金材料更容易产生表层剥离。图4-2-11为混入异种材料的剥离示意图。

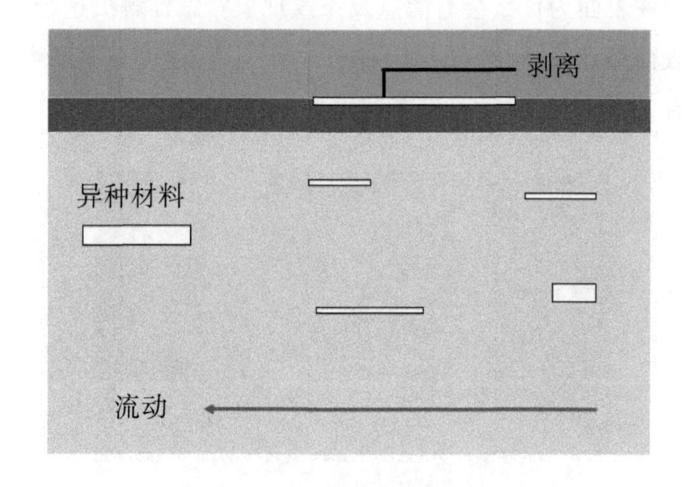

图4-2-11　混入异种材料的剥离示意图

③大量气体混入表层。含有大量气体时也会产生剥离，这是因为滞留在表层下面的气体会聚集成很薄的气体层。容易产生气体的条件包括：机筒温度过高（树脂已经分解）、干燥不足（含有大量水分）、螺杆转速过快（空气卷入）、背压过低（空气卷入）、保压压力过高、注射速度过快和使用了回收材料。

解决措施：

①降低剪切力。降低剪切力的措施有：提高机筒（包括喷嘴）温度；提高模具温度；减慢注射速度；降低保压压力。若原因在于气体，则提高机筒温度有时反而会使情况恶化。就机筒温度而言，一般应遵守树脂的相应推荐使用温度。

②检查浇口和产品厚度。如果剥离发生在浇口附近，则原因可能是浇口过小。如果产品厚度过薄，剪切力偏高，则应考虑使用流动性好的等级。另

外，就浇口而言，侧浇口比点浇口或隧道浇口更可取，可能的话，改变浇口设计也是一种方法。

③抑制气体。为使成型品不含无用气体，应检查下列几点或实施相应的对策：检查机筒温度是否在推荐的温度范围内；增强干燥温度；降低过高的螺杆转速；充分施加背压；缩短成型周期；降低回料的使用比率。

（8）注塑件表面为什么会有黑点及条纹现象？怎样解决这个问题？

注塑件表面黑点及条纹，如图4–2–12所示。注塑件表面产生黑点及条纹现象的原因有：

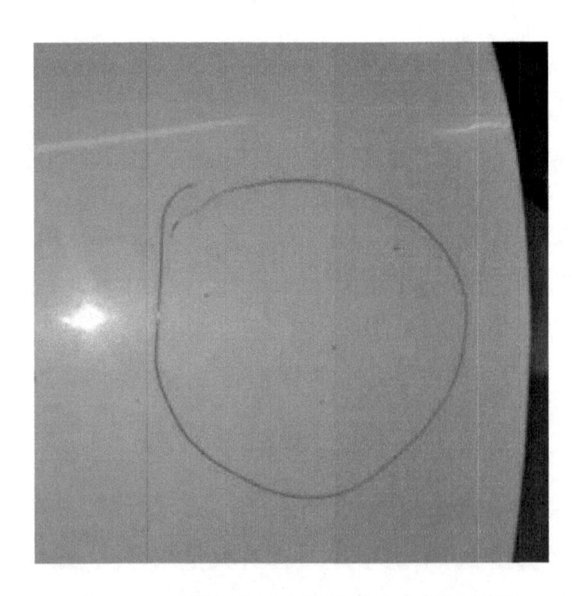

图4–2–12　管件表面出现黑点及条纹示意图

①熔料温度太高。料温太高会使熔料过热分解形成碳化物，为了避免熔料过热分解，对于PVC树脂等热敏性热塑材料而言，必须严格控制料筒尾部温度，温度不能太高。

②料筒间隙太大。如果螺杆与料筒的磨损间隙太大，会使熔料在料筒中滞留，导致滞留的熔料局部过热分解产生黑点及条纹。

③熔料与模壁摩擦过热。如果注射速度太快，注射压力太高，充模时熔料与型腔腔壁的相对运动速度太高，很容易出现摩擦过热使熔料分解产生黑点及条纹。

④料筒及模具排气不良。如果料筒或模具排气不良，熔料内残留的气体会由于绝热压缩而引起燃烧，使熔料过热分解产生黑点及条纹。

⑤积料焦化。当喷嘴与模具主流道吻合不良时，浇口附近会产生积料焦化并随流料注入型腔，在塑件表面形成黑点及条纹。

⑥原料不符合成型要求。如果原料中易挥发物含量太高，水敏性树脂干燥不良，再生料用量太多，细粉料太多，原料着色不均，润滑剂品种选用不正确或使用超量，都会不同程度地导致塑件表面产生黑点及条纹。

解决措施：

①当发现塑件表面出现黑点及条纹后，应立即检查料筒的温度控制器是否失控，并适当降低料筒及模具温度。但值得注意的是，如果料温和模温太低，同样会使塑件表面产生光亮条纹。

②首先稍微降低料筒温度，观察故障能否排除。其次检查料筒、喷嘴及模具内有无储料死角并修磨光滑。

③适当降低注射速度和注射压力。

④适当降低注射速度，在原料粒径和均匀度适宜的条件下，改进料筒排气口结构。对于模具部分的排气不良，应检查浇口位置和排气孔位置是否正确、选用浇口类型是否合适；清除模具内黏附的防锈剂等易挥发的物质，减少脱模剂的用量。在不产生溢料飞边的前提下，可适当降低合模力，增加排气间隙。此外，应检查料筒和顶针处有无渗油故障。

⑤及时调整喷嘴与模具主流道的相对位置，使其吻合良好。此外，如果模具的热流道设计或制作不良，熔料在流道内流动不畅滞留结焦，也会使塑件表面产生黑点及条纹。对此，应提高热流道的表面光度，降低流道的加热温度。

⑥选择合理的原料和配方，严格控制原料的含水量及各助剂的比例。

（9）注塑件为什么会出现充填不足现象？怎样解决这个问题？

原因：

①加料计量不准或加料控制系统操作不正常，进料调节不当，出现缺料或多料。注塑机、模具或操作条件所限，导致注射周期反常、预塑背压偏小或机筒内料粒密度小，这些都可能造成缺料。

②注射压力太低，注射时间短，柱塞或螺杆退回太早，熔融塑料在偏低的工作温度下黏度较高，流动性差。

③注射速度慢引起的充填不足。注射速度对于一些形状复杂、厚薄变化大、流程长的制品，以及黏度较大的塑料如增韧性ABS等具有十分突出的意义。

④机筒前端温度低，进入型腔的熔料因模具的冷却作用而使其黏度过早地上升到难以流动的地步，妨碍了对远端的充模；机筒后段温度低，黏度大的熔料流动困难，阻碍了螺杆的前移，结果看起来压力表显示的压力足够而实际上熔料在低压低速下进入型腔。

⑤喷嘴温度低。固定加料时喷嘴长时间与冷模具接触散失了热量，或者喷嘴加热圈供热不足或接触不良造成料温低，致使堵塞了模具的入料通道。

解决措施：

①对于颗粒大、空隙多的粒料和结晶性的比容变化大的塑料如PE、PP、尼龙等以及黏度较大的塑料如ABS等，在料温偏高时应调大料量。当机筒端部存料过多时，注射时螺杆要消耗额外的注射压力来压紧、推动机筒内的超额囤料，这就大大降低了进入模腔的塑料的有效射压而使制品难以充满。

②以较大压力和速度注射。如在制ABS彩色制件时，着色剂的不耐高温性限制了机筒的加热温度，这就需要以比通常高一些的注射压力和延长注射时间来弥补。

③当采用高压尚不能注满制品时，应采用高速注射克服填充不足的问题。

④升高机筒前端及后端温度，使熔料在型腔内更好地流动，也更利于螺杆的转动，保证熔料在真实的压力和流速下向前移动。

⑤如果模具不带冷料井而用自锁喷嘴，加料程序启动后，喷嘴则能保持所需的温度；若刚开机时喷嘴温度太低，可以借助火焰枪对喷嘴进行外加热，以加速喷嘴升温。

(10) 注塑件为什么会出现翘曲变形现象？怎样解决这个问题？

原因：

①冷却不充分或不均匀。在未完全冷却时顶出，顶杆的顶推力往往使成

型制件变形，所以未充分冷却就勉强脱模会使注塑件产生翘曲变形。

②顶杆造成。有些制件的脱模性不良，采用顶杆强行脱模会造成制件变形。对不易变形的塑料制件，这种脱模方式虽不会使其变形，但会使其产生裂纹。

③成型应变引起。成型应变造成的变形主要是由成型收缩在方向上的差异、壁厚的变化所产生的。

④结晶性塑料引起。收缩率较大的树脂，一般是结晶性树脂（如聚甲醛、尼龙、PP、PE及PET树脂等），其比非结晶性树脂（如聚甲基丙烯酸甲酯、PS和ABS树脂等）的变形大。另外，由于玻璃纤维增强树脂具有纤维配向性，其变形也大，若其熔点温度范围狭窄，则多数产生变形，并且这种变形往往是难以修正的。结晶性塑料的结晶度随冷却速度的不同而变化，即急剧冷却结晶度降低、成型收缩率减小，而缓慢冷却结晶度升高、成型收缩率增大。结晶性塑料变形的特殊矫正法就是利用这一性质。

⑤制品翘曲矫正的方法选择不合理，矫正过程中热水的温度太高，制品翘曲变形厉害。

解决措施：

①将注塑件在模腔内充分冷却，等完全硬化后方可顶出，也可以降低模具温度、延长冷却时间。然而，有的模具的局部冷却不充分，在通常成型条件下有时也不能防止变形。这种情况应考虑变更冷却水的路径、冷却水道的位置或追加冷却梢孔，尤其应考虑不用水冷却，而采用空气冷却等方式。

②改善模具的抛光度使其易于脱模，有时使用脱模剂也可改善脱模效果。最根本的改进方法是研磨型芯、减小脱模阻力或增大拔模斜度，在不易顶出部位增设顶杆等，而变更顶出方式更重要。

③提高模具温度和熔料温度、降低注射压力、改善浇注系统的流动条件等均可减小收缩率在方向上的差值。可是，只变更成型条件，制品翘曲变形大多难以矫正，这时就需改变浇口的位置和数目。有时必须改变冷却水道的配置；较长薄片类制件更容易变形，有时需变更制件的局部设计，在其上翘一侧的背面设置加强筋等。利用辅助工具冷却来矫正成型应变引起的变形大多是有效的。不能矫正时，就必须修正模具的设计。其中，最重要的是应注

意使制品壁厚一致。在不得已的情况下，只好通过测量制品的变形程度，按相反的方向修正模具，使制品变形加以校正。

④使用的矫正法是使动、静模有一定的温差，即使翘曲的另一面产生应变的温度，便可矫正变形。有时这个温差高达20 ℃以上，但必须十分均匀地分布。必须指出，在设计结晶性塑料成型制件及模具时，如不预先采取特别的防止变形手段，制件会因变形而无法使用，但仅使成型条件达到上述各项要求，大多数情况仍然不能矫正变形。

⑤从模具中取出的制品如果要矫正，简单的办法是把要矫正的制品放在矫正的工具上，在翘曲的地方加上重物，但必须确定重物的重量和所放的位置。或把翘曲的制品放在矫直器上后，一同放入制品热变形温度附近的热水中，简单地用手矫直，但热水的温度要合适，不宜过热。

（11）注塑件表面为什么会产生飞边现象？怎样解决这个问题？

在注塑成模具过程中可能产生飞边（又称溢边、披锋、毛刺等），飞边大多发生在模具的分合位置上，如动模和静模的分型面、滑块的滑配部位、镶件的缝隙、顶杆孔隙等处，飞边在很大程度上是由模具或机台锁模力失效造成。注塑件表面产生飞边现象的具体原因有：

①机台的最高锁模力不够。锁模机铰磨损或锁模油缸密封元件磨损出现滴油或回流而造成锁模力下降，加温系统失控造成实际温度过高。

②模具型腔分布不平或平行度不够引起受力不平衡而造成局部飞边、局部不满；模具中活动构件、滑动型芯受力不平衡时会造成飞边；模具排气不良时受压的空气会使模的分型面胀开而使注塑件表面出现飞边。

③塑料的流动性过大，或加太多的润滑剂。

④加工、调整方面的原因。设置的温度、压力、速度过高及注射时间过长和保压时间、加料量过多都会造成飞边；调节时，锁模机铰未伸直，或开锁模时因调模螺母经常动而造成锁模力不足，导致出现飞边；调节头与设备两端的平行度不够或调节的系统压力过大时也会出现飞边。

解决措施：

①检查热电偶、加热圈等是否有损坏，若有及时更换。

②在不影响制件完整性前提下流道应尽量安置在质量对称中心，避免模

具型腔分布不平或平行度不够引起的受力不平衡；调整模具中的活动构件、滑动型芯，使其受力平衡；开设良好的排气系统，或在分型面上挖排气沟。

③适当降低压力、速度、温度等，减少润滑剂的使用量，必要时要选用流动性低的塑料。

④采用分段注射，锁模机铰伸直。在开锁模时降低对调模螺母的使用频率，确保锁模力足够，另外要保证调节头与设备两端的平行度合适，系统的压力控制在较小范围，不宜过大。

第5章 试样分析检测设备与控制要点

随着社会的进步和科技的发展，大量分析仪表仪器在计量工作中被广泛使用，人们对其灵敏度和精确度的要求也越来越高。当前计量工作的检测水平随着分析仪表仪器精确度和灵敏度的不断提升而提高，大量的研究表明仪表仪器的计量检测非常重要。

目前的计量检测工作需要在科学的方法和一定的计量检测设备的基础上进行，计量检测工作已经遍及生产和生活的各个方面，如对各种所需物质的质量、数量等进行检测、分析、记录、控制以及管理，计量检测工作不仅是对标准量值进行传递，还会对物质的生产过程、生产工艺进行监督检测和控制。生活中有大量的信息需要管理，也有庞大的数据需要计算，更有复杂的物质需要检测，在生产和生活中如果没有了计量检测工作，产品质量也将无法得到根本保证。

质量是产品的生命，没有了质量，产品将无法存在，因此保证产品质量就要保证计量检测工作的顺利进行。通过计量检测工作得到产品的质量数据，将产品质量提升。计量检测工作的进行，可以有效地减少资源的浪费，节约能耗，提升经济效益。此外，计量检测工作也是一个国家、一个企业现代化水平高低的体现标志。在社会不断进步和发展的过程中，计量检测工作会越来越受到人们的关注和重视，计量检测工作将超越度量范围，向着多方面进行。

加强对分析仪表仪器等计量工具的管理，是保证计量检测质量的基础。为此，需要保证分析仪表仪器在其使用寿命期限内可以正常地运行，并要保证其使用的精确度、灵敏度和准确度。

在计量检测中如果遇到异常的分析仪表仪器，需要进行精细检测和维修，对于计量检测工作中不常用的分析仪表仪器，需要对其进行定期的检查和维护，保证这些不常用的分析仪表仪器在使用时各项性能均是良好的，且有较高的灵敏度、精确度和准确度，可以满足正常使用的要求。分析仪表仪器的精度一般都非常高，在调试和维修中，需要使用配套的检测工具，不能影响分析仪表仪器的精度。对于发生故障的仪表仪器，需要送到其生产单位进行专业的检测和维修。

保证计量检测工作质量，就是保证分析仪表仪器的质量，定期对分析仪表仪器进行维修保养是保证计量检测质量的前提。在分析仪表仪器计量检测的过程中，需要将检测的原始数据真实地记录并保存，并保证数据的完整性和准确性。计量检测的准确性是计量工作的核心保障，如果计量检测没有准确性，整个计量检测工作也就是失去了检测意义。

任何计量检测工作都会存在一定的误差，误差的大小体现了分析仪表仪器的精度，虽然误差不可以消除，但是误差可以减小。通过对分析仪表仪器进行调试和测试，将仪表仪器的误差尽量降低，可以提高分析仪表仪器的精度。若在计量检测工作中出现测量不确定、检测结果不确定等现象，这是因为在分析仪表仪器使用之前没有对其进行调试，没有意识到计量检测工具的精确度和准确度在计量检测中的重要性，致使在计量检测的过程中出现测量不确定、测量误差等。误差越大，计量检测质量越差；误差越小，计量检测质量越高。但是在计量检测中，如果不知道不确定度，那么计量检测也就失去了意义。

要定期对计量检测工具进行检测和调试，保证检测工具的各项性能均满足计量检测要求。分析仪表仪器在进行计量检测的过程中，要有计量基准以及计量检测标准，才可以保证仪表仪器发挥其真正的作用。在计量检测中，检测人员的素质、业务水平以及其对仪表仪器操作能力、思想认识等也是计量检测工作顺利进行的保障，为此需要定期对计量检测人员进行分析仪表仪器操作能力、计量知识等培训，使得计量检测人员不断获取新的专业知识，提升自身的职业素养，使其可以适应各种计量检测工作。计量检测是生产生活的组成部分，进行计量检测工作是为了保证产品的质量，以及对产品的质量进行检测，对产品的生产过程、生产工艺、生产技术等进行监控。

5.1 塑料膜袋制品常见检测项目及问题解答

5.1.1 塑料膜袋制品检测仪器简介

5.1.1.1 测厚仪THI-1801

（1）仪器用途

适用于塑料薄膜、薄片、纸张、箔片、硅片等各种材料厚度的精确测量。

（2）设备及主要技术指标

测厚仪THI-1801的实物图如图5-1-1所示，其相关的技术指标见表5-1-1。

（3）适用标准

《塑料薄膜和薄片厚度测定 机械测量法》（GB/T 6672—2001）；

《生物分解塑料垃圾袋》（GB/T 28018—2011）；

《全生物可降解农用地面覆盖薄膜》（GB/T 35795—2017）；

《生物可降解购物袋》（GB/T 38082—2019）。

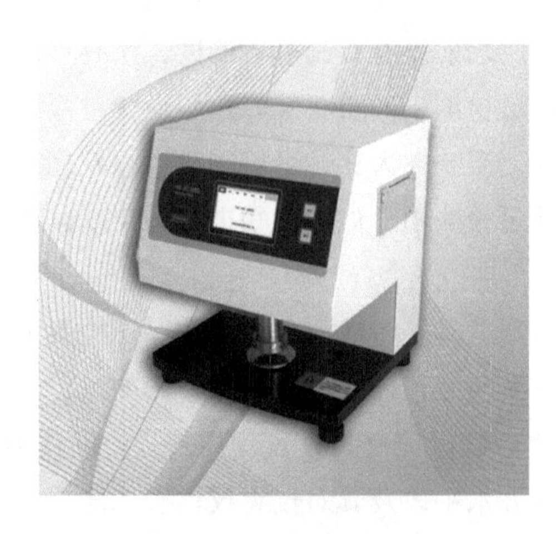

图5-1-1 测厚仪实物图

表5-1-1 测厚仪的技术指标

序号	类别	指标
1	测量范围/mm	0～12
2	分辨率/μm	0.1
3	每分钟测量速度/次	15(可调)
4	测量压力/kPa	17.5±1(薄膜);50±1(纸张)
5	接触面积/mm^2	50(薄膜);200(纸张)
6	电源/V	220

（4）操作步骤

①仪器通电后，按下开机按钮，让测厚仪开机，一般预热30 min。

②用洗耳球将测量头、试验砧板的灰尘杂质吹干净，保证测量头、试验砧板达到清洁状态，避免杂质对测试结果产生不利影响；同时点击“清零”选项，进行测试清零。

③根据要求，设置测试次数和测试速度。

④放置试样，点击“循环”键，进行测试。

⑤从左往右平行移动试样，达到设定次数后结束试验，显示屏上显示出平均值、最大值、最小值及标准差。

（5）注意事项

①试样的状态、厚度符合测量要求。

②使用之前，用洗耳球将测量头、试验砧板的灰尘杂质吹干净，避免对试验结果产生干扰。

③在测试的过程中均匀有序地移动试样，等间距测量。若出现异常偏大的结果，有可能是试样表面沾有杂质颗粒，需停止试验，重新测量。

④要尽可能保证试样及测量头、试验砧板表面干净；不使用时，仪器不能暴露在空气中，应装入仪器盒内，以免灰尘等杂质对仪器造成损害。

5.1.1.2 Tensilyst力学分析系统

（1）仪器用途

适用于塑料薄膜、薄片、橡胶、纸塑复合膜、纸张、医用敷贴、保护膜、无纺布、铝箔等产品的拉伸性能、拉断力、弹性模量、断裂标称应变、直角撕裂、热合强度、90°剥离、180°剥离等指标的定量测试。

（2）设备及主要技术指标

Tensilyst力学分析系统的实物图及薄膜测试过程图，如图5-1-2所示，其技术指标见表5-1-2。

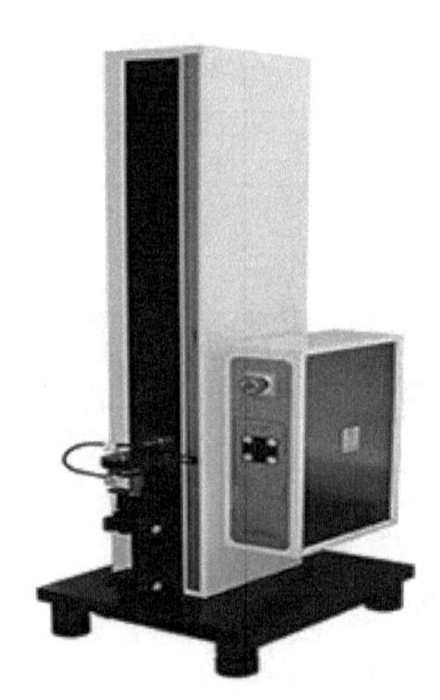

图5-1-2 力学分析系统实物图及薄膜测试过程图

表5-1-2 力学分析系统技术指标

序号	类别	指标
1	测试量程/N	0～50,100,250,500,1000
2	测试精度/级	>0.5
3	测试行程/mm	1100
4	试验速度/(mm·min^{-1})	0.1～1000
5	位移精度/mm	>0.01
6	试样宽度/mm	0～38
7	试样厚度/mm	0～8
8	电源/V	220

续表5-1-2

序号	类别	指标
9	功率/W	300
10	外形尺寸/mm	380×450×1309
11	净重/kg	88

（3）适用标准

《塑料直角撕裂性能试验方法》（QB/T 1130—1991）；

《塑料薄膜包装袋热合强度试验方法》（QB/T 2358—1998）；

《塑料拉伸性能的测定》（GB/T 1040.1—2018）；

《全生物可降解农用地面覆盖薄膜》（GB/T 35795—2017）；

《生物可降解购物袋》（GB/T 38082—2019）。

（4）操作步骤

①接通仪器主机电源，在通信电缆连接正常的条件下，运行Tensilyst力学分析系统，并打开软件主界面，进行膜袋制品拉伸性能的测试。

②在主界面左侧双击“拉伸试验”，弹出试验参数设置界面，按照对应的国标要求输入试验速度、夹头初始距离，根据实际情况输入试样名称、试样编号、试样长度、试样宽度、试样厚度后，点击“保存”按钮。

③按住拉力试验机的下降按钮，向下移动夹具，使两夹具的初始距离为50.0 mm。

④该系统配备2套拉伸试验采样器，按照国标要求选择合适的裁样器裁取待测试样。

⑤将裁好试样小心地夹在夹具的中心，点击软件中的“开始”选项，进行拉伸性能测试。

⑥夹具按照设定速度移动，直至样条断裂试样自动结束。点击“保存”按钮，保存测试结果，同时待夹具缓慢下降至初始位置时取出拉断的样条后，重新开始新的测试。

（5）注意事项

①每次进行拉伸性能测试前，试样的厚度需要通过测厚仪进行测定。

②用裁样器裁取样条时，要用力压紧裁样器，以防裁样器发生移动，裁出的样条宽度不一、有毛边，影响测试结果。

③在用夹具夹样条时，要尽可能让试样以自然下垂的状态位于上下夹具中间，且样条在两夹具中的长度要相等，以保证样条上下两端受到的拉力大小相等。

④在测试的过程中，不可触碰夹具以及移动的样条，严禁外力对测试结果进行干扰。

5.1.1.3 人工气候老化试验

（1）仪器用途

塑料产品在户外使用时往往由于光照、水分和温度的影响会渐渐出现老化，产生变黄、裂纹等现象，其力学性能也会随之下降，故其耐候性和可靠性需要被评估。气候老化试验就是将高分子材料试验样品暴露于大气环境中，进而获得材料样品在大气环境条件暴露下的老化规律，分析研究高分子材料的性能变化，并预测其使用寿命的一种研究方法。氙灯耐气候老化试验是科研生产过程中筛选配方、优化产品组成的重要手段，也是产品质量检验的一项重要内容，应用材料包括涂料、塑料、铝塑板以及汽车安全玻璃等产品均要求测试产品的耐候性。氙灯耐候试验箱利用氙灯模拟造成产品老化的主要因素——阳光，通过冷凝湿气来模拟大气中的雨水与露水，被测样品放置于特定温度的光照和湿度交替的循环程序中，经过一定的时间可重现户外数月或数年出现的老化现象。人工气候老化试验是帮助选择新型材料、改善现有材料，以及评判配方变化对产品耐久性影响的有效途径。

（2）主要技术指标

氙灯耐候试验箱的主要技术指标见表5-1-3。

表5-1-3 氙灯耐候试验箱的技术指标参数

序号	类别	指标
1	型号	LRHS-190 F-SN
2	温度范围/℃	RT+10～70
3	湿度范围	65%～98%(RH)

续表5-1-3

序号	类别	指标
4	黑板温度/℃	63～100
5	温度均匀度/℃	≤2.0(黑暗时)
6	温度波动度/℃	±0.5
7	湿度偏差/%	-3～2(RH)
8	喷水嘴孔径/mm	0.8
9	淋雨水压/MPa	0.12～0.15
10	降雨时间/min	1～999(连续降雨可调)
11	(喷水时间/停喷时间)/min	18 /102 或 12 /48
12	光照周期/h 或 min 或 s	1～999(连续可调)
13	样品托盘尺寸/mm	450×720
14	样品架与灯距离/mm	230～280
15	波长/nm	290～800
16	辐射强度/(W·m^{-3})	≤550
18	氙灯功率/kW	7.5
19	加热功率/kW	3.0
20	加湿功率/kW	2.0
21	电源电压/V	AC380±10%
22	功率/kW	14.5
23	使用环境温度/℃	5～28
	使用环境湿度	≤85%(RH)
24	工作室尺寸/mm	500×760×500
25	外形尺寸/mm	1200×1270×1650

（3）适用标准

《塑料实验室光源暴露试验方法》(GB/T 16422.2—2022)；

《硫化橡胶或热塑性橡胶耐候性》（GB/T 3511—2008）；

《色漆和清漆人工气候老化和人工辐射暴露（滤过的氙弧辐射）》（GB/T 1865—2009）；

《机械工业产品用塑料、涂料、橡胶材料人工气候老化试验方法荧光紫外灯》（GB/T 14522—2008）；

《硫化橡胶人工气候老化（碳弧灯）试验方法》（GB/T 15255—1994）；

《硫化橡胶或热塑性橡胶耐臭氧龟裂静态拉伸试验方法》（GB/T 7762—2003）；

《硫化橡胶耐臭氧老化动态拉伸试验法》（GB/T 13642—1992）；

《塑料暴露于湿热、水喷雾和盐》（GB/T 12000—2003）；

《色漆和清漆耐中性盐雾性能的测定》（GB/T 1771—2007）；

《塑料暴露于湿热、水喷雾和盐雾中影响的测定》（GB/T 12000—2003）；

《硫化橡胶湿热老化试验方法》（GB/T 15905—1995）；

《漆膜耐湿热测定法》（GB/T 1740—2007）；

《硫化橡胶或热塑性橡胶热空气加速老化和耐热试验》（GB/T 3512—2001）；

《塑料热老化试验方法》（GB/T 7141—2008）；

《塑料大气暴露试验方法》（GB/T 3681—2000）；

《涂层自然气候暴露试验方法》（GB/T 9276—1996）。

（4）操作步骤

①将水箱里加满纯净水，合上断路器，按下电源按钮，此时仪表显示读数。将试验温度设定为50 ℃，湿度设定为95%，辐照度设定为0.51 W，设定好后，按确认键，此时数据便存入仪表。

②喷淋选择周期模式，设定喷淋时间为18 min，停止时间为102 min。

③设定试验总时间为50 h。

④将辐照探头安装在样品附近的支架上，探头正对灯管，探头高度略高于样品表面。

⑤将设备左侧的测试孔打开，便于散热和排除湿气。

⑥将样品安置在样品架上，黑板温度计放在样品附近。

⑦点击“运行”按钮，在风机准备就绪后设备在60 s后自动触发点亮灯管。

⑧一般情况下，设备程序在开启灯管之前会自动确认控制冷风的风机是否开启，风机正常启动后，设备开始启动灯管。

⑨设备的制冷压缩机的主要作用是降低温度和湿度，在设备启动后自动开启。

⑩如果试验标准要求在有效的光照时间内对样品进行喷水试验，则需打开喷淋开关，此时降雨周期将定时工作，降雨时间为18 min，停止降雨时间为102 min。设备将按照设定的时间开始正常运行。

（5）注意事项

①在操作中，除非有必要，请不要随意打开试验箱门，否则可能会使试验结果产生偏差。

②请注意保证设备接地，以免产生静电。

③对测试品和操作者需提供安全保护措施，另外需定期检查水压控制器、循环水箱水位。

④要正确地安装湿球的测试布，才能保证量取出正确的相对湿度。

⑤在测试过程中禁止使用试验爆炸性、可燃性及高腐蚀性样品。

⑥设备安装位置应考虑设备的散热及平常检查维修，设备与墙壁及其他任何机器之间的距离最少应有60 dm及以上，设备需安装在平坦无振动的地面。

5.1.2　塑料膜袋制品测试问题解答

（1）试验环境对塑料拉伸检测有哪些影响？

①GB/T 8804.2—2003中规定，实验室环境温度为（23±2）℃，相对湿度为（50±10）%。热塑性塑料的拉伸性能测试受温度的影响较大，伴随着温度上升，拉伸强度和拉伸弹性模量变小，而断裂伸长率将变大。

②实验相对湿度一般对吸水率比较大的塑料影响较大。一部分塑料吸水率增大以后，水分子在塑料中起到了偶联剂和增韧剂的作用，从而影响该塑料的刚性和韧性。通过实验测试可知，塑料的拉伸性能测试必须在恒温恒湿

条件下进行。

（2）检测操作过程对塑料拉伸检测有哪些影响？

因为塑料属于黏弹性材料，应力松弛需要时间过程，且与变形速度紧密相关。检测操作过程对塑料拉伸检测的影响有：

①当低速拉伸时，分子链段来得及位移、重排，塑料呈现韧性行为，表现为拉伸强度减小，断裂伸长率增大。

②当高速拉伸时，分子链段的运动跟不上外力作用的速度，塑料呈现脆性行为，表现为拉伸强度增大，断裂伸长率减小。

只有拉伸速度适宜时，试验数据才具有可比性。对不熟悉的材料，正式测试之前要进行预测，以预知合适的负荷和速度等，为正式测试做好准备。

（3）塑料薄膜进行气候老化试验有几种类型？

根据暴露条件的不同，塑料薄膜进行气候老化试验的类型有两种：自然暴露试验和人工气候老化试验。

①自然暴露试验是指将试验样品直接暴露于真实的大气环境中，以获得材料在真实环境下的老化行为的老化试验方法。这种老化试验方法所获得的老化信息较为准确，是获得高分子材料老化行为很有效的方法，但是这种试验方法周期太长，费时费力。在美国的佛罗里达州、中国的万宁、漠河以及武汉等地都有人进行过为期超过一年的大气暴露试验。

②人工气候老化试验是指研究人员通过在室内对真实大气环境条件进行模拟或者是加强某一环境因素以在短时间内获得材料老化行为的老化试验方法，这又被称为人工模拟老化或者人工加速老化。人工气候老化通常是在人工气候老化箱内进行，使用的人工气候老化箱主要有氙灯气候老化试验箱、荧光灯气候老化试验箱以及碳弧灯气候老化试验箱等。这几种气候老化试验箱都是根据光照、温度、湿度、雨水或者凝露等主要气候因素对自然环境因素进行模拟或加强而实现材料老化的。此外，材料的老化试验还要依据一定的测试标准而展开。

（4）气候老化时间对塑料薄膜的性能会产生怎样影响？

一般情况下，塑料的老化性能可从塑料的外观、物理力学性能、热性能、电性能和阻燃性能等方面来评价。常用的评价指标包括有无颜色改变、龟裂、粉化等外观的变化和拉伸强度、断裂伸长率、耐撕裂力、落镖冲击强度和热封强度等物理力学性能的变化。以生物可降解材料PBSA/PLA复合材料薄膜为例，杨晖等人研究了人工模拟老化时间对薄膜的力学性能的影响。他们将薄膜样品放置在温度为23 ℃，湿度为50%的环境4 h后，对样品初始的拉伸性能、断裂性能、落镖冲击性能进行了逐一测试。之后将薄膜样品放入氙灯耐候试验箱进行人工气候老化试验，设定温度为50 ℃，相对湿度为95%。每隔两周取出样品进行相应性能测试。

①拉伸强度、断裂伸长率和落镖冲击强度。从图5-1-3可以看出，PBSA/PLA薄膜样品在50 ℃，95%RH的环境下放置2周后，拉伸强度、断裂伸长率和落镖冲击强度均略有增大，这主要是由于试样在氙灯耐候试验箱内受到温度的作用，消除了材料原有的内部热应力，温度促进了聚合物分子链的运动和重排，使材料的相态结构发生一定的改变。因为在温度影响下，聚合物的分子链产生了一定的运动趋势，一些分子链能够再次规整排列，新的结晶结构形成，增加了结晶结构的完善程度，导致样品的拉伸强度、断裂伸长率以及耐冲击性能均有所提高。可从图中明显看出，第4周开始后，PBSA/PLA复合薄膜样品的力学性能均开始明显下降，经过8～10周的时间，其拉伸性能、耐撕裂性能和耐冲击性能均降至较平的状态，接近老化最低值。从第12周开始，样品力学性能的衰减速度减缓，基本趋于平稳，保持恒定。这是由于PBSA和PLA均属于脂肪族聚酯，同时，在分子中有许多羟基（-OH）和羧基（-COOH）存在，在-OH和-COOH（特别是端基）上有反应活性较高的活泼氢，容易在加工或者较高使用温度下引起PBSA/PLA复合材料的分子量降低，从而造成物理机械性能的下降。

②撕裂强度。耐撕裂强度尤其是纵向撕裂力在两周内发生了明显减小的变化，如图5-1-4所示。之所以发生这样的变化，一方面是脂肪族聚酯的水解和酶解的共同作用，另一方面也是最关键的是在挤出吹膜加工工艺过程中，因为薄膜经过了吹胀和牵引的步骤，样品在纵向和横向方面分子链均经过了较大程度的取向，取向的结构直接使PBSA/PLA分子链在纵向和横向上规整排布，大分子链在纵横向上没有发生缠结或缠结程度较低，这导致PBSA/PLA薄膜纵横向撕裂强度的偏低，而当时间增加，聚酯分子链随着时间的

推移进行降解，分子量进一步降低，这使得大分子链在纵横向上的缠结松散，加剧了薄膜样品纵横向撕裂强度的大幅下降。

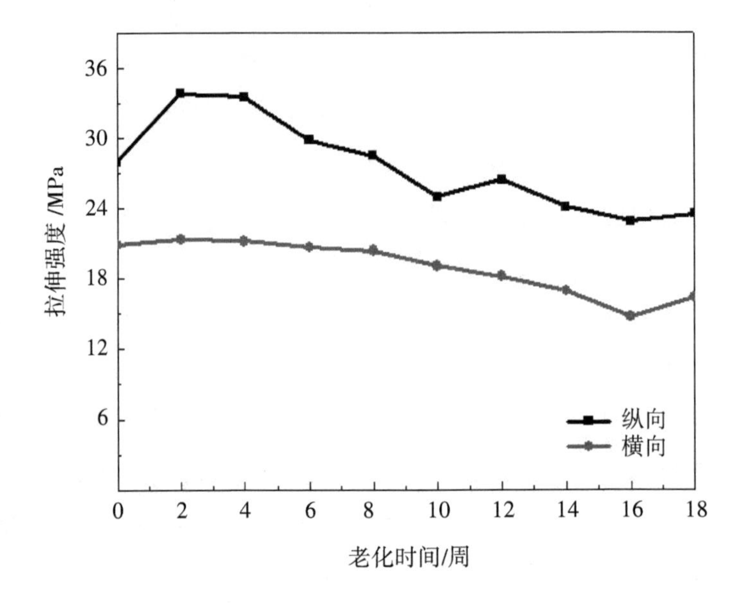

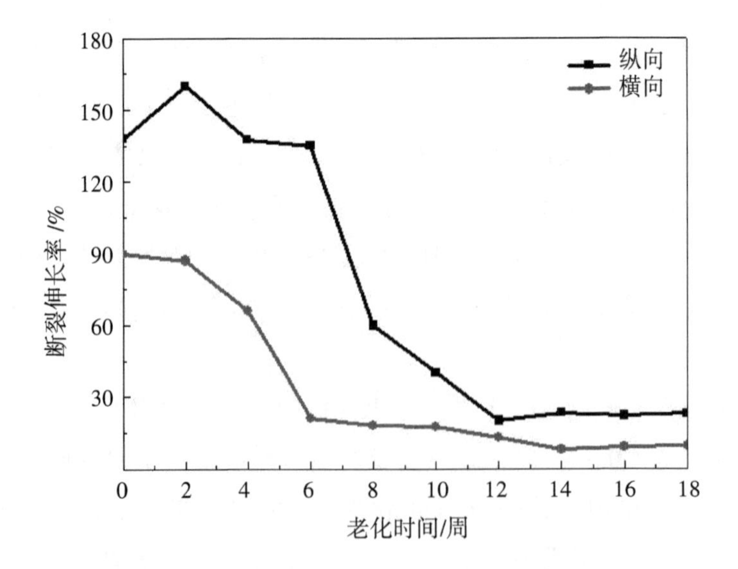

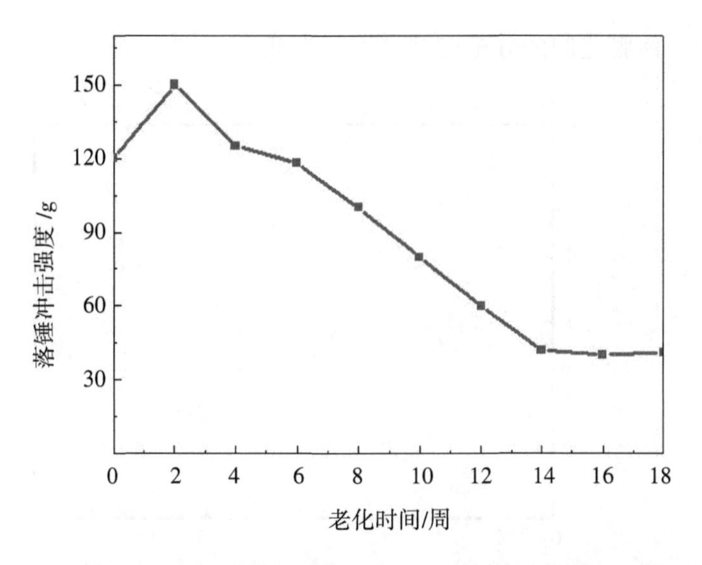

图5-1-3　薄膜拉伸强度、断裂伸长率、落锤冲击强度随老化时间的变化曲线图

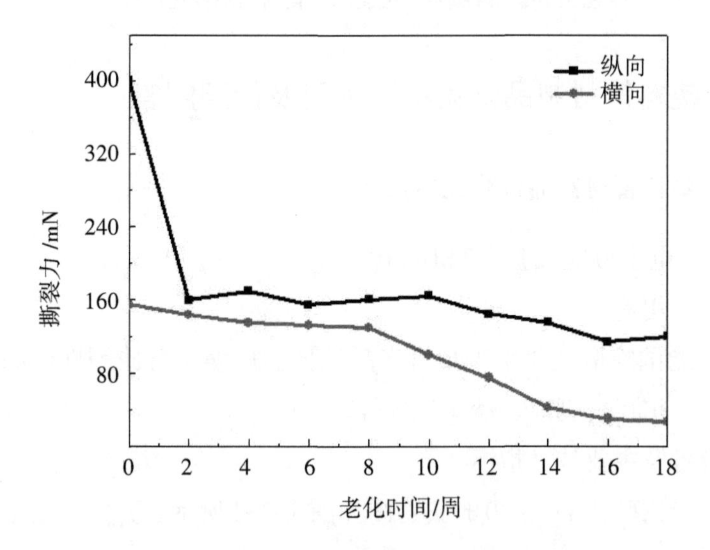

图5-1-4　薄膜撕裂力随老化时间的变化曲线

③热封强度。从图5-1-5可以看出，0～8周内，PBSA/PLA样品的热封强度下降得很快。从第10周开始，薄膜样品热封强度的下降速率有所减缓。PBSA/PLA样品的热封强度变化，与上述力学性能变化规律类似，主要是由PBSA/PLA聚酯体系在湿热条件下的水解反应和酶降解反应导致的分子量下

降引起的两层薄膜之间的分子链缠结程度降低。

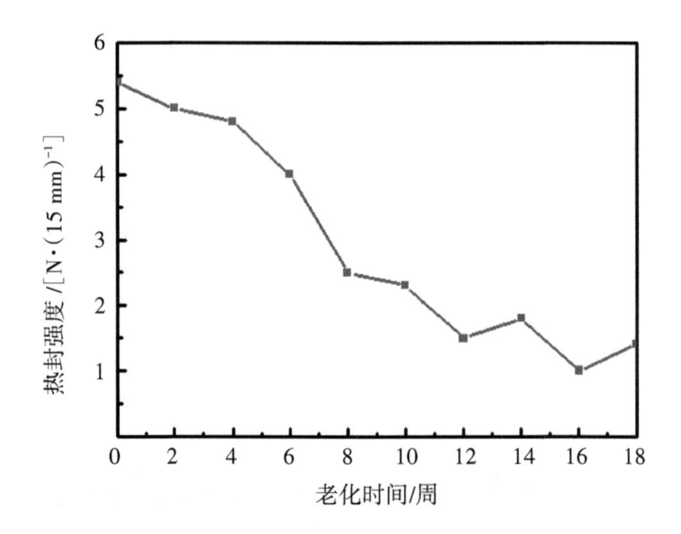

图5-1-5 薄膜热封强度随老化时间的变化曲线

5.2 塑料管材制品常见检测项目及问题解答

5.2.1 塑料管材制品检测仪器简介

5.2.1.1 电子万能试验机TLD-20

(1) 仪器用途

电子万能试验机主要用于塑料产品拉伸、压缩、弯曲等性能的测定，可附加环刚度、扩径、剥离、蠕变试验等。

(2) 设备及主要技术指标

电子万能试验机TLD-20的实物图如图5-2-1所示，其主要技术指标参数见表5-2-1。

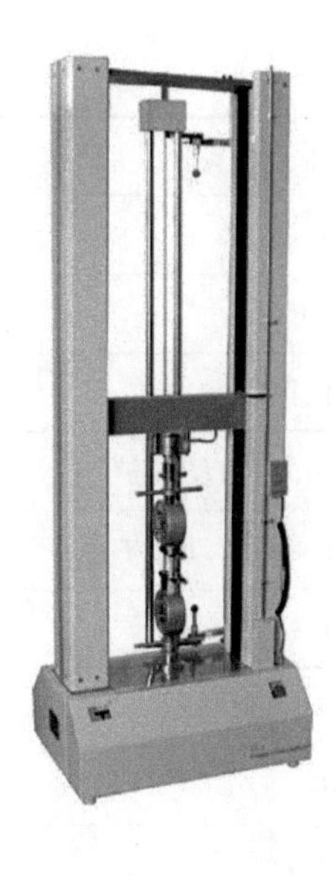

图5-2-1　电子万能试验机实物图

表5-2-1　电子万能试验机技术指标参数

序号	类别	指标
1	控制方式	PC机控制
2	最大试验力/kN	50
3	精度等级/级	1
4	试验力测量范围	0.2%～100%（FS）
5	试验力示值误差	±1%
6	试验力分辨力	1/20000（FS）
7	变形测量范围/mm	5～800
8	变形示值误差	±0.5%以内
9	变形分辨力/mm	0.0125
10	横梁位移示值相对误差	±0.5%以内
11	位移分辨力/mm	0.01
12	试验速度范围/($mm \cdot min^{-1}$)	0.01～500(无级调速)
13	速度准确度/mm	设定值±1%以内

续表5-2-1

序号	类别	指标
14	有效试验宽度/mm	400
15	横梁最大行程	1200
16	限位保护	电子限位保护
17	过流保护	电压波动超过20%时自动保护
18	过载保护	超过最大力值10%时自动保护
19	电源	单相220 V±10%,0.75 kW
20	外形尺寸/mm	850×500×1600
21	主机重量/kg	210
22	恒力、恒位移控制范围	0.5%～100%(FS)

（3）适用标准

《塑料管材和管件——聚乙烯电熔组件的挤压剥离试验》（GB/T 19806—2005）；

《聚乙烯（PE）管材和管件热熔对接头拉伸强度和破坏形式的测定挤压剥离试验》（GB/T 19810—2005）；

《聚乙烯电熔组件的拉伸剥离试验》（GB/T 19808—2005）；

《塑料拉伸性能测定》（GB/T 1040—2006）；

《热塑性塑料管材拉伸性能测定》（GB/T 8804—2003）。

（4）操作步骤

①电脑开机，试验机开机后，打开电脑上的试验机软件。

②在“数据板”标准中，点击下拉箭头，选择试验类型对应的试验标准。

③新建文件，建立试验日期、试样的宽度和厚度、试样标距等信息。同时将样条加在上下夹具中间，按照标准规定的标距夹上引伸计。

④点击“设置”选项，选择“系统设置”。

⑤按压方式选择“拉伸”测试方式，设置试验条件。

⑥依据试验标准选择相应的速度，设置试验速度。

⑦点击“清零”按钮，将位移和力值清零。

⑧点击“开始”按钮，开始拉伸试验测试。

⑨等到样条断裂后，试验结束，数据结果自动保存。

⑩试验结束后，关闭拉伸试验机软件，关闭试验机开关，关闭电脑和电源。

（5）注意事项

①试验之前，须预热20 min以上，从而使温差减小。

②缓冲器的用油应保持干净，当油面高度低于筒深的三分之二时应立刻更换。

③开机前，检查摩擦运动部分是否有卡顿，是否应加润滑油。

④在加持试样前，必须将制入手柄卡住，待加好试样后摊开。

⑤测力计主轴承不允许加油，变速箱内摩擦轮外表不得加油或溅有油渍，摩擦面应相对洁净，不得将摆臂上的斜面块剧烈打击。

⑥试验结束切断电源后，要给试验机外表进行擦拭处置，并注意实时防护。

5.2.1.2 简支梁冲击试验机XJJD-50

（1）仪器用途

对硬质塑料、尼龙、硬橡胶、电气绝缘材料等非金属材料在动负荷下的抵抗冲击性能进行检测。

（2）主要技术指标

简支梁冲击试验机XJJD-50的主要技术指标见表5-2-2。

表5-2-2 简支梁冲击试验机技术指标参数

序号	类别	指标
测角度		
1	传感器	2000码光电编码器
2	分辨率/度	0.1
3	精度/度	0.05
能量计算		
4	分挡/挡	4

续表5-2-2

序号	类别	指标
5	方法	势能～损耗
6	精度	0.1%
7	容量/J	1～9999(可设定)
8	能量单位	J、kg·cm、kg·mm、lb·In(可互换)
9	强度单位	kJ/m²、kg/cm、kg/m、1b/In(可互换)
使用条件		
10	温度/℃	-10～40
11	湿度	20%～90%
12	电源	220 V/50 Hz/ 0.2 A

（3）适用标准

《塑料简支梁冲击性能的测定》（GB/T 1043.1—2008）；

《流体输送热塑性塑料管材简支梁冲击试验方法》（GB/T 18743—2002）；

《塑料简支梁冲击试验机》（JB/T 8762—1998）。

（4）操作步骤

①开机：在确认仪表的电源连线和信号连接之后，按下电源开关约2 s后液晶显示屏上显示正常，否则应检查电气系统是否有故障，打开电源后预热1 min。

②选择“新建”键，输入试样参数，有7个参数需要输入，分别为：年份、月份、日期、试样编号、试样宽度、试样厚度、报告选择。

③将冲击锤置于零点位置（最低点），待冲击锤保持静止状态后持续按清零键2 s以上，将液晶显示屏上的能量值、强度值、角度清零。

④把冲击锤挂到挡杆上面（初始位置），此时角度应显示-150 °。

⑤选择没有明显的裂纹痕迹且均匀，无明显凹陷、缺失等瑕疵的试样。将试样缺口方向向右放在凹槽中间，然后左手拿试样，右手拿对中样板，从试样右侧平行插入，使试样对中样板的对准部分与试样缺口相吻合，即缺口的中心点与夹具上的平面在同一个面上。

⑥试样放好后，按“test”键，摆锤落下打击试样，如果试样未被冲断，摆锤将会向右回弹，回弹至最高点时摆锤速度最小。迅速抓住摆锤，防止其二次冲击试样，并记录显示屏上的冲击强度、冲击能量和冲击角度。

⑦重复步骤③—⑥，进行下一组试验。

（5）注意事项

①当摆动轴长期未清洗，摆动不灵活时，将造成较大的能量损失，这时应该用润滑油清洗摆轴的轴承，清洗后注入高速机油。

②当冲击试样长期磨损引起刀刃钳口变形时，应更换其磨损件。

③在试验中经常出现死打现象时，摆杆容易出现弯曲变形，影响测试精度，因此对测定材料能量的大小宜选用相应能量等级的摆锤，尽量避免此类现象发生。

5.2.1.3　管材落锤冲击试验机XJL-300D

（1）仪器用途

落锤冲击试验机主要用于塑料管材、PVC管材、PE管材、落水管等强度冲击试验。落锤冲击强度是体现管材抵抗外力冲击的能力，外力可能来自储运、安装或使用过程。故通过落锤冲击试验检验管材耐瞬时冲击的能力，用来衡量管材在经受高速冲击状态下的韧性或对破坏的抵抗能力。

（2）设备及主要技术指标

管材落锤冲击试验机XJL-300D的实物图见图5-2-2，其主要技术指标如表5-2-3所示。

（3）适用标准

《热塑性塑料管材耐外冲击性能试验方法时针旋转法》（GB/T 14152—2001）。

（4）操作步骤

①根据试验要求，确定锤体质量和冲击高度。

②锤体质量的选配。依据选定的冲击质量和锤头形式，确定所需附件，组合顺序为：锤头+托盘+锤杆+砝码（+压套）+托盘+挂钩。

③锤体安装。首先，将托盘和锤头安装在锤杆的一端并拧紧；然后，将选好的砝码从另一端套在锤杆上，套上压套，靠紧砝码，紧上顶丝；最后，将挂钩和上托盘装上并拧紧，放在接锤板上，关上转门即可。

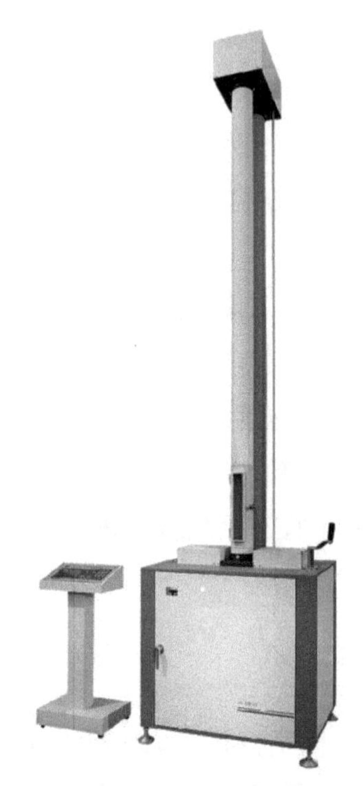

图5-2-2 管材落锤冲击试验机实物图

表5-2-3 管材落锤冲击试验机技术指标参数

序号	类别	指标
1	最大冲击能量/J	300
2	冲击高度/mm	0～2000
3	试样最大尺寸/mm	管材外径≤400
4	锤体质量/kg	0.25～15
5	锤头半径	D25、D90及R5、R10、R12.5、R25、R30等
6	冲击高度误差/mm	< ±2
7	环境温度/℃	10～35
8	环境条件	无腐蚀性介质、无震荡、无强电磁场干扰
9	电源	交流220 V±10% /50 Hz/2 A

④开机。接通设备电源，选择“中文”进入试验界面，在“试验界面”输入所需高度（单位：mm），保存后按“Enter”键退出。

⑤零点确定。放置好锤体，按“下降”键，系统自动挂锤，锤体挂上后自动停止；此时再按“提锤”键，将锤提升一定高度后按“停止”键，锤体停止后，按“找零位”键，系统自动找零位点；接锤板打开，锤体下降到零位点后灯亮，此点为锤体零位基准点，电脑开始记录锤体位置，锤体上升大约20 mm后停止，接锤板关闭。

⑥安装试样。首先选用V形铁（管材外径尺寸≤110 mm的试样用A形V形铁小槽；管材外径尺寸 > 110 mm的试样用B形V形铁小槽）。将试样放在工作台上，如放不进可降低工作台，用摇把顺时针转动就可降下工作台。放好试样后，关闭工作室门，用摇把升起工作台至零位指示灯刚好不亮即可（如锤零位指示灯亮可降低工作台），至此试样安装完成。

⑦按动“上升”键，提锤到预置高度，当确定无误后，按“落锤”键，此时防二次冲击机构打开，锤体自由落下冲击试样。锤体反弹后，被防二次冲击机构接住，至此一次试验完成。

⑧取出试样，可重复试验，否则，关掉电源。

（5）注意事项

①试验机应置于坚实的地面上，地面中间应注有宽度为120 mm，深为500 mm的孔，调整主机座底面，使引导杆的铅垂度为1/1000，使锤座在引导杆内活动自如，在升降丝杆上注入少量机油。

②为了操作人员的自身安全，设备必须接地。

③在试验过程中，任何人员禁止将手及其他物品放入试验区内，防止造成碰伤及其他伤害。

④请在试验前检查光电感应器的正常情况，防止其他人员误动。

⑤钢球落下后，可能会跳出箱体，所以必须关好工作台的工作室门。

⑥经常保持机器整洁干净，对锤体进行维护，以防碰伤。

5.2.1.4　管材耐压试验机XGY-EP

（1）仪器用途

用于各种非金属管材在恒定温度下耐压时间测定和瞬时爆破压力测定，

目的是检验管材是否满足使用压力等级要求，衡量管材的耐内压性能。

（2）设备及主要技术指标

管材耐压试验机XGY-EP的水箱、控制器及相配套的夹具如图5-2-3所示，其关键技术指标参数见表5-2-4。

图5-2-3 管材耐压试验机各组件实物图

表5-2-4 管材耐压试验机技术指标参数

序号	类别	指标
1	试验管径/mm	14～1200
2	工作数量/路	1～3
3	控制方式	PC机控制
4	功能	耐压/爆破试验

续表5-2-4

序号	类别		指标
5	压力	压力范围/MPa	耐压:0.3～10 0.3～20 爆破:25
		控制精度	-1%～+2%
		显示分辨率/MPa	0.001
		示值允许误差	±1%
6	时间	计时范围/min	1～6×10^5
		计时准确度	±0.1%

（3）适用标准

《流体输送用热塑性塑料管道系统耐内压性能的测定》（GB/T 6111—2018）；

《给水用硬聚氯乙烯（PVC-U）管材》（GB/T 10002.1—2006）；

《给水用聚乙烯管道国家标准》（GB/T13663—2017）；

《流体输送用热塑性塑料管材耐破坏时间的测定方法》（GB/T 6111—2018）；

《流体输送用塑料管材液压瞬时爆破和耐压试验方法》（GB/T 15560—1995）；

《埋地排污、废水用硬聚氯乙烯管材》（GB/T 10002.3—2006）；

《燃气用埋地聚乙烯（PE）管道系统　第1部分：管材》（GB/T 15558.1—2015）。

（4）操作步骤

①根据GB/T 6111—2018标准，把相应长度的管材试样卡紧在厂家提供的专用夹具上，然后连接压力管路同时手动操作进行加压排气，使试样内的气体完全排除，然后锁紧排气螺栓，试样安装结束。试样应悬放在恒温控制的环境中，并保持试样之间以及试样与恒温箱之间的任何部分都不接触。

②设备通电，预热15 min。

③根据试验标准，打开恒温箱上的温度控制表开关，调节试验温度。

④点开通道1输入试样的自由长度、平均外径、最小壁厚，按环应力计算出压力参数并设定该参数，然后点击“启动”，开始试验。

⑤当达到规定试验时间或者试样发生破坏、渗漏时，自动停止试验。

⑥试验结束后，保存试验数据。

（5）注意事项

①主机、介质恒温箱必须可靠接地。

②在试验前，应将主调压阀和进水阀打开，然后按照操作程序操作。

③高压泵水箱内加满软化水，并根据情况随时添加软化水，当第一次使用或长时间不用后，在使用前首先打开主路的调压阀和泄压阀，让加压泵工作几分钟，使管内的空气排光，然后按照操作程序操作。

④如果各接点、各支路的压力表上的试验压力值显示变化频繁，表示可能有泄漏，应及时检查相应支路、主路的泄压阀是否关闭，或者检查试样夹具是否安装严密及各个高压管的连接状况。

⑤输出的高压软管不可用来直接提起试样，以免发生危险。

5.2.1.5 热变形温度、维卡软化点温度测定仪XRW-300

（1）仪器用途

热变形温度、维卡软化点温度测定仪主要用于非金属材料的热变形温度及维卡软化点温度的测定。热变形温度是在以恒定速率升温的油浴环境中，用标准压压住试样，对其施加一定负荷，测定变形到规定值时的温度。维卡软化点温度是将热塑性塑料放于液体传热介质中，在一定的负荷和一定的等速升温条件下，试样被1 mm^2的压针头压入1 mm时的温度。维卡软化点温度是评价材料耐热性能，反映制品在受热条件下物理力学性能的指标之一。材料的维卡软化点温度虽不能直接用于评价材料的实际使用温度，但可以用来指导材料的质量控制。维卡软化点温度越高，表明材料受热时的尺寸稳定性越好，热变形越小，即耐热变形能力越好，刚性越大，模量越高。

（2）设备及主要技术指标

热变形温度、维卡软化点温度测定仪XRW-300的实物图如图5-2-4所示，其技术指标参数见表5-2-5。

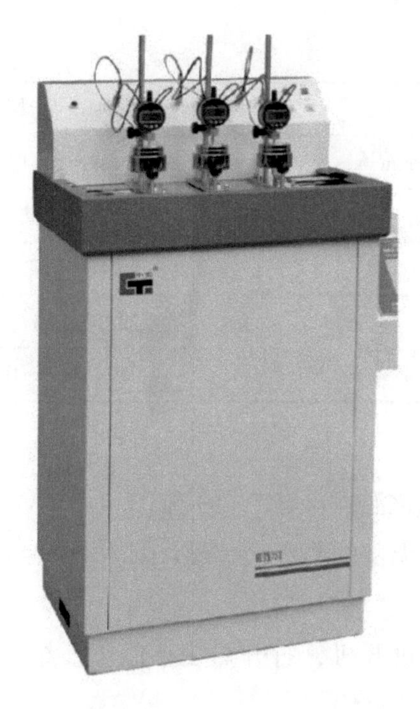

图5-2-4 热变形温度、维卡软化点温度测定仪实物图

表5-2-5 热变形温度、维卡软化点温度测定仪技术指标参数

序号	类别	指标
1	控温范围/℃	室温-300(使用特殊介质,可达400 ℃)
2	升温速率/(℃·h^{-1})	A速率:120±12
		B速率:50±5
3	控温误差/[℃·(6 min)$^{-1}$]	A速率:12±1
		B速率:5±0.5
4	最大温度测量误差/℃	±1
5	最大形变测量范围/mm	0～1
6	最大形变测量误差/mm	< 0.01
7	试样架数	3
8	加热介质	甲基硅油等
9	最大加热功率/kW	2.5

续表5-2-5

序号	类别	指标
10	试样支撑跨距/mm	64、100
11	负荷范围/kg	0.068～5
12	冷却方式	自然冷却或水冷却
13	电源	220 V±10%/20 A/50 Hz
14	位移范围/μm	100～1000

（3）适用标准

《热塑性塑料维卡软化温度（VST）的测定》（GB/T 1633—2000）；

《塑料——负荷变形温度的测定》（GB/T 1634—2004）。

（4）操作步骤

①电脑开机，试验机开机，打开热变形温度、维卡软化点温度测定仪软件。

②升起试样架，把样块置于放样平台后，将压针放置在试样中心位置，然后将试样架下降至最低，将试样架千分表预压3～5 mm后，启动搅拌。

③新试验分组。点击工具栏“新试验”按钮，选择试样架，建立试验组别。

④设置试验参数。完成试验架分组，点击“下一步”进入试验参数设置，设置试验类型、升温速率、试样尺寸和托盘重量（大号80 g，小号68 g）。依据参数计算出砝码重量，在试验架上加上所需重量的砝码。

⑤预处理参数设置。在预处理参数中设置当前温度及预处理时间。

⑥启动试验。在程序中点击“启动”，试样架达到设定的形变后，系统自动停止升温，并保存数据。

⑦试验结束。关闭搅拌，上升试样架。关闭热变形温度、维卡软化点温度测定仪程序软件，关闭测定仪，关闭电脑。

（5）注意事项

①放置试样时要提起负载杆，把测试的试样放在测试板中心位置后，一定要放下负载杆，缓慢降落测试单元，保证测试单元浸入油槽。

②在测试开始时，一定要打开设备的搅拌功能，使油槽内的油温均匀上升。

③在测试过程中，要尽可能保证测试单元处于无干扰状态，不可随意升起测试单元，避免造成测试结果不准确。

④试验结束后，通过自然冷却使油温下降至室温后，再进行新的一次试验。

⑤设备使用前，必须检查设备接地是否良好。

⑥设备工作在高温状态，应注意防止烫伤。

⑦在试验结束时，由于压针压入试样1 mm以及试样表面沾有硅油，在夹取试样时要小心，防止试样掉入油槽内。

5.2.1.6　纵向回缩率的测定

（1）试验目的

热塑性塑料在加热过程中会呈软化熔融状态，当温度逐渐降低后开始冷却定型，这个过程具有可重复性，且该材料自始至终具备可塑性。具有良好的物理力学性能和简单的加工工艺是热塑性塑料的优点，但其在耐热性和刚性方面的欠缺不容忽略。在一定温度条件下，塑料管材由于取向等微观结构的改变而出现的长度缩短的现象称为纵向回缩。纵向回缩率是热塑性塑料管材产品在热处理下的长度变化的百分比，反映出管材沿纵向热影响的尺寸稳定性。该数值越小，表明管材的抗温度改变的能力越强，热稳定性越好。纵向回缩率测定的原理是将规定长度的管材试样置于给定温度下的加热介质中保持一定的时间，测量加热前后试样标线间的距离，以相对原始长度的长度变化百分率来表示管材的纵向回缩率。

（2）设备及主要技术指标

管材纵向回缩率测试所需烘箱见图5-2-5，其技术指标参数见表5-2-6。

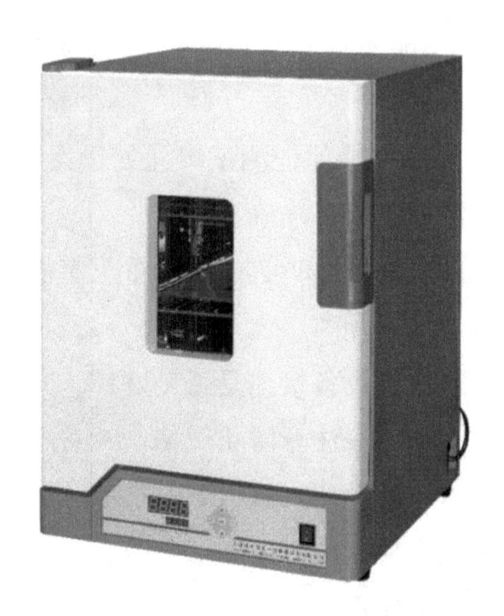

图5-2-5 管材纵向回缩率测试所需烘箱

表5-2-6 管材纵向回缩率测定所需烘箱的技术指标参数

序号	类别	指标
1	恒温温度/℃	100～200
2	温度波动/℃	±2
3	加热功率/kW	2
4	鼓风机功率/W	40
5	工作室尺寸/mm	420×350×460

（3）适用标准

《热塑性塑料管材纵向回缩率的测定》（GB/T 6671—2001）；

《工业用氯化聚氯乙烯（PVC-C）管道系统 第2部分：管材》（GB/T 18998.2—2022）；

《冷热水用氯化聚氯乙烯（PVC-C）管道系统 第2部分：管材》（GB/T 18993.2—2020）。

（4）操作步骤

①制样。截取长度为（200± 20）mm的管材试样段，并用划线器在试样表面画两条相距为100 mm的圆周标线，并使其中的一标线距离试样任一端的

距离大于10 mm。从一根管材上可截取3个试验样品。此外，对于公称直径大于等于400 mm的管材，可沿轴向直接将管材均匀地切成4片试样进行试验。

②试样的预处理。上述制备好的试样按照《塑料试样状态调节和试验的标准环境》（GB/T 2918—2018）的相关要求在（23±2）℃下至少放置2 h，进行环境状态调节处理。

③在（23±2）℃的环境条件下，准确测量试样标线间距L_0，精确至0.25 mm。根据不同管材试样的种类将烘箱温度调节到表5-2-7规定的温度。

表5-2-7　不同类型管材纵向回缩率试验的相关试验参数设定

序号	热塑性材料种类	不同厚度(e,mm)试样的试验时间/min	烘箱试验温度/℃
1	硬质聚氯乙烯(UPVC)	$e\leqslant 8$,60 $8<e\leqslant 16$,120 $e>16$,240	150±2
2	氯化聚氯乙烯(CPVC)	$e\leqslant 8$,60 $8<e\leqslant 16$,60 $e>16$,120	150±2
3	聚乙烯(PE32/40)	$e\leqslant 8$,60 $8<e\leqslant 16$,120 $e>16$,120	100±2
4	聚乙烯(PE50/63)		110±2
5	聚乙烯(PE80/100)		
6	交联聚乙烯(PE-X)	$e\leqslant 8$,60 $8<e\leqslant 16$,120 $e>16$,240	120±2
7	聚丁烯(PB)	$e\leqslant 8$,60 $8<e\leqslant 16$,120 $e>16$,240	110±2
8	聚丙烯均聚物和嵌段共聚物	$e\leqslant 8$,60 $8<e\leqslant 16$,120 $e>16$,240	150±2
9	聚丙烯无规共聚物		135±2
10	丙烯腈-丁二烯-苯乙烯三元共聚物(ABS) 丙烯腈-苯乙烯-丙烯酸三元共聚物(ASA)	$e\leqslant 8$ mm,60 $8<e\leqslant 16$ mm,120 $e>16$,240	150±2

④将管材试样放入烘箱时，要确保试样不接触烘箱的底部和内壁。如果试样采用悬挂的方法，悬挂点应选择放在距标线最远的一端。如果试样采用平放的方法，应将样品放在垫有一层滑石粉的平板上，切片试样的凸面朝下放置。

⑤将试样放入烘箱内保持规定长短的时间，这个时间要从烘箱温度回升到规定温度时算起。

⑥等试验时间结束，将管材试样从烘箱中取出，平放于一光滑平面上，待试样完全冷却至（23±2）℃时，在试样表面沿母线测量两条标线之间变形后的最大或最小距离L_i，精确至0.25 mm。对于切片试样，每一管段所切的4片试样应作为一个试样测得L_i后取平均值。注意切片在测量时，要避开切口切缘，以免对检测结果产生影响。

⑦按下列公式计算每一待测管材试样的纵向回缩率R_{L_i}，用百分率表示。计算三个试样R_{L_i}的算术平均值，其结果作为管材的纵向回缩率R_{L_i}。

$$R_{L_i} = \frac{\Delta L}{L_0} \times 100\%$$

其中：$\Delta L = |L_0 - L_i|$，

L_0：管材试样放入烘箱前两标线之间的距离（mm）；

L_i：试验后试样沿母线测量的两标线之间的距离（mm）。

（5）注意事项

①烘箱需在标准规定的温度内进行恒温控制，并保证试样放置后烘箱内的温度要能在15 min内重新回到标准所要求的试验温度。

②划线器要能够保证两条标线之间的距离为100 mm。

③烘箱需使用温度修正因子。烘箱校准时，实测温度的数值与标准温度数值一般都不会一致，两者之间的差值即为修正因子，检测机构在对烘箱证书参数确认的同时，必须将修正因子的信息及时准确地反馈给相关分析检测人员。例如：某机构烘箱校准证书给出标准温度为130 ℃，校准点对应的实测温度为129 ℃，修正因子应为130−129=1（℃），检测人员在使用该烘箱时应将设定温度调高1 ℃即131 ℃，反之亦然。在这一方面检测机构容易忽视的

情况有：a.没有将修正因子信息传达给相关人员，检测人员并不知道这方面的信息；b.修正因子没有得到正确运用，温度设定时应该增加的，设置成了减小或者是应该减小的，弄成了增加；c.相关的检测记录中未能体现此方面的过程信息，缺少可追溯性，如果数据有异常情况，就没有办法利用过程信息进行必要的分析判断。

④管材试样在烘箱中的持续时间一定要确保足够。按照表5-2-7，不同的热塑性材料其试样在烘箱中放置时间不尽相同，但前提是试验要达到规定温度后才能开始计时，在这方面检测人员容易忽视的问题为试样刚放入烘箱就已经开始计时，此时烘箱温度往往达不到规定温度，烘箱升温是逐渐进行的，如果把升温的时间也计算在内，样品在规范规定温度下持续的时间就会缩短，会出现检测结果偏小的情况。

5.2.1.7　树脂含水量的测定

（1）试验目的

对于热塑性塑料的挤出成型工艺，不管是在造粒还是在注塑过程中，原材料在采购、存储以及运输过程中都需要对其水分含量进行检测，以免因出现水分超标情况而对企业造成损失。造粒工艺中常见的是风冷磨面热切和水环磨面热切两种冷却切粒形式，切好的塑料粒子在包装前检测其水分也是必不可少的步骤，水分含量要达到出厂要求后才能装袋。同样在注塑工艺中，对烘干前和烘干后的塑料粒子进行水分测定，既能够保证塑料含水率达到注塑的条件要求，也能在一定程度上控制烘料时间，节约能源，提升效率。此外，一些注塑半成品也需要控制其水分含量，使其达到下一步的工艺技术要求。水分测定仪是在电子天平的基础上配置高精度传感器和高效率的二次热辐射装置，以便达到快速、准确的水分测定。水分的测定以热动力原理为基础，通过物质干燥后的质量和湿重比获得水分百分比含量。水分测定仪目前已广泛应用于工业、矿产企业、农林、科研机构等，可以实现对食品、烟草、谷物、造纸、茶叶、饲料、化工原料、制药原料、纺织原料等常见样品所含的游离水分的分析测试。

（2）设备及主要技术指标

水分测定仪的实物图如图5-2-6所示，其技术指标见表5-2-8。

图5-2-6 水分测定仪实物图

表5-2-8 水分测定仪的技术指标参数

序号	类别	指标
1	型号	XF-1003 MC
2	称重范围/g	0.005～100
3	水分可读性	0.02%
4	测试范围	0.02%～100.00%
5	加热温度/℃	200
6	样品盘尺寸/mm	85(材料铝制品,可反复清洗使用)
7	测试方式	自动
8	供电电源电压/V	220±10%
9	频率/Hz	50±1
10	产品尺寸/mm	370×215×195
11	净重/kg	3.5

（3）适用标准

《塑料聚酰胺　第2部分：含水量测定》（GB/T 12006.2—2009）；

《生物可降解聚对苯二甲酸-己二酸丁二酯（PBAT）》（GB/T 32366—2015）。

（4）操作步骤

①测试前需要准备好样品，以及口罩、手套、小铝盘、镊子、小毛刷、砝码等工具。

②接通电源，按水分测定仪右下角的“ON/OFF”键，开启设备。

③在开始水分测试前，要先进行仪器校准。长按“RESET”复位键，直到显示屏幕上出现“CAL”时，放上校准砝码，当显示屏出现“0.000”时，校准完毕。

④将空的样品盘置于支架后，按“NEXT”键去皮重，随后把样品缓慢均匀地平铺分撒在样品盘上，并关上加热罩，按“START”键，开始测试。

⑤升温加热烘烤样品，直到重量不再变化，即为测试结束，显示屏上显示样品水分的数值。

⑥测试完毕后，关闭加热罩，并按“ON/OFF”键，关闭设备。

（5）注意事项

①仪器外接电源须有接地线，建议仪器在实验室使用，仅允许使用符合相关标准并带接地插头的电缆作为延长线，禁止断开仪器接地插头，若电压不稳，需配置稳压器。

②使用时，操作台面要避免振动、流动性的风吹，因为水分仪精密性极高，振动和流动性的风吹都会导致仪器测试结果出现偏差。

③定期校准，仪器有自动校准功能，建议每周定期校准一次。

④粉体样品要尽量平整铺满样品盘底面，使粉体样品快速、充分地受热。

⑤仪器称重系统为精密设备，严禁按压、重压、冲击等，测试时样品盘应轻拿轻放，防止因暴力损坏。

⑥测量一次之后，待样品盘冷却，仪器温度下降到室温后，再进行下一次测试，保障测试数据的准确性。

⑦测定过程中请检测人员全程佩戴防尘口罩，以及棉质保护手套以免被

灼伤。

⑧工作室应保持清洁，环境温度应在10～40 ℃之间，湿度小于等于85%（无凝结水），最佳环境温度为（20±5）℃，最佳湿度为50%～60%。

⑨当水分仪从一个较冷的环境移动到另一个较暖的环境时，空气中的水分会在水分仪的内部凝结，以至于影响测量的准确性和可靠性。为消除水分凝结的影响，可先将水分仪在室温下不插电放置2 h后再使用。

⑩水分仪要正常工作应有良好的适应环境，应放在稳定、水平的工作台上。避免出现下列情况：空气中灰尘较多；具有空调或者有风吹动的地方；太阳光线可直接照射；有热源流动以及能够产生电场或磁场的地方；其他不适合水分仪的工作环境。

⑪称量重物时，应轻拿轻放，不要冲击秤盘，如有严重冲击，可能会导致水分仪机械系统不能回到原位。

⑫称量液体时，应小心称量，不要让液体从秤盘边缘流入水分仪内部，如有类似情况发生，应立刻拔掉电源，清理内部液体，或等待液体全部蒸发，确保无残留液体后可继续使用水分仪。

⑬水分仪用完后，最好将其罩上，以防灰尘侵入。

5.2.1.8 CPVC树脂中氯含量的测定

（1）试验目的

CPVC树脂是PVC树脂经过氯化反应得到的产物，其含氯质量分数理论上由原来的56.8%增加到73.2%，通常生产出的CPVC树脂的含氯质量分数在61%～68%。相较于PVC树脂，由于CPVC树脂中氯含量增加，使得CPVC树脂分子更加具有不规则性，分子链的极性增大，分子之间的作用力增强，CPVC树脂在耐热性、耐腐蚀性、耐老化性、可溶性以及阻燃自熄性等方面表现出更为优异的物理力学性能，被广泛用于建材、化工、电气、冶金、涂料等领域。因此对CPVC树脂中氯含量的准确测定是评判CPVC树脂性能的关键指标。

（2）适用标准

《塑料——氯乙烯均聚物和共聚物氯含量的测定》（GB/T 7139—2002）；

《塑料——氯化聚氯乙烯树脂》（GB/T 34693—2017）。

（3）操作步骤

①称量。称取一定量的CPVC树脂或PVC树脂（控制在30 g左右，精确到0.01 mg），用滤纸按照规定（30×35 mm）包好，塞入燃烧瓶带的铂丝螺旋中，备用。

②燃烧瓶通入氧气。向燃烧瓶中加入20 mL水、1 mL氢氧化钾溶液、0.15 mL过氧化氢溶液，用玻璃管或乳胶管以适当流量向燃烧瓶内通入氧气约5 min，以排除空气。

③燃烧操作。点燃滤纸尾部，迅速抽出通氧气的玻璃管（关闭氧气钢瓶），将铂丝螺旋快速插入燃烧瓶中。用洗瓶加适量水至瓶口处，密封燃烧瓶防止气体溢出。燃烧结束后可在冷水下轻轻摇动以迅速吸收所产生的氯化氢。

④燃烧后处理。吸收30 min以后打开燃烧瓶，用水冲洗内容物移至250 mL烧杯中，使最后体积约为60 mL，加入1 g硝酸钠和2.5 mL硝酸溶液，放置于电炉上煮沸5 min后，冷却至常温。

⑤滴定。煮沸后的液体自然冷却后，用移液管将液体移入200 mL的容量瓶中，充分摇动后加入20 mL硝酸银滴定溶液，用水稀释至刻度线，塞紧容量瓶用力摇动2 min使氯化银沉淀结成块状。放置使溶液澄清后进行过滤，用移液管吸取50 mL滤液加入250 mL三角瓶中，加入2 mL硫酸铁铵摇匀。用硫氰酸铵标准滴定溶液，滴定至微橙红色后结束。

⑥空白实验。将未加CPVC树脂粉进行的燃烧实验，进行同样滴定操作。

⑦实验计算

$$Wc = \frac{0.035453 \times c(V_1 - V_2)}{m} \times 100\%$$

其中：V_1——测定时所用硝酸银标准滴定溶液的体积（mL）；

V_2——空白试验所用硝酸银标准滴定溶液的体积（mL）；

c——测定所用硝酸银滴定溶液的浓度（mol/L）；

m——试样的质量（g）；

0.035453——与1.00 mL硝酸银标准滴定溶液[$c(AgNO_3)$=1.000 mol/L]相当的以克表示的氯的质量（g）。

（4）注意事项

①实验在“加入20 mL硝酸银滴定溶液，用水稀释至刻度线，塞紧容量瓶用力摇动2 min使氯化银沉淀结成块状”这一步骤时，应当间歇加完硝酸银标准溶液（分为3～4次加完即可），添加过程要充分摇动，让氯化银沉淀结成块状。

②容量瓶定容完成，过滤后要对容量瓶进行冲洗。

③用硫氰酸铵进行滴定时，仅取过滤后的清液50 mL。

5.2.2 塑料管材测试问题解答

（1）材料试验机对塑料拉伸检测有哪些影响?

材料试验机（又称拉力机）的测力传感器精度、速度控制精度、夹具同轴度和数据采集频率等是影响材料试验机拉伸试验数据的主要因素。材料试验机对塑料拉伸检测的具体影响有：

①测力传感器是材料试验机的核心部件，它的精度直接影响试验数据和偏差大小。

②拉伸速度要求平稳均匀，速度偏高或偏低都会影响拉伸结果。

③试验机的同轴度不好，拉伸位移会偏大，拉伸强度有时将受到影响，导致结果偏小。

④试验数据采集的频率也要适中，否则会使试验数据峰值偏小。

（2）CPVC电缆保护管纵向回缩率的影响因素有哪些?

塑料管材产生纵向回缩率的原理是热塑性树脂在生产过程中处于橡胶态，当CPVC树脂因受力发生取向或解缠后，经过定径套瞬间冷却发生冻结，在较高温度条件下（150 ℃）分子链吸收了外界的热量，释放出前期冻结的势能，恢复了冷却定型的形变。CPVC电缆保护管纵向回缩率的影响因素有：

①壁厚。对于管壁较薄的管材，由于冷却冻结所需要的时间较短，使得被冻结的势能变大，进而导致纵向回缩率变大；而壁厚较厚的管材，因为冷却冻结花费的时间较长，残存的势能较小，管材的纵向回缩率也较小。由此可以看到，管材纵向回缩率的关键影响因素就是管材的壁厚。

②助剂。对于管材来说，纵向回缩率越小，表明材料的热稳定性越好。因此，要提高管材的热稳定性，可通过降低纵向回缩率的方法来实现。实际生产中，通常是在管材配方中添加适量的无机粒子来提高管材的热稳定性，如有研究发现当CPVC树脂与硫黄、碳酸盐混合后能够提高其热稳定性。

③自然冷却时间。在管材加工过程中，通过适当增加自然冷却的时间，使分子链之间的势能充分释放出来，也可降低管材的纵向回缩率。

（3）树脂含水量的测定方法有哪些？它们的区别是什么？

树脂水分常见的测试方法有干燥法、甲苯法、色谱法和卡尔费休法4种。

①烘箱法和卤素水分仪法是常用的干燥法。

烘箱法的测定原理是利用电加热器加热，加热器通常使用的是电加热管，电加热管的加热丝位于加热管的里面，这种结构能够减缓加热丝被氧化的速度，从而可延长加热器的使用寿命。在加热的过程中，钢管吸收热量使导热面积增加。此外，有一个温控仪置于干燥箱的内部，它可用来控制和显示温度，当烘箱内温度低于设定温度时，温控仪开始工作，会对加热器施加一定的控制，使加热器进行连续或者间断地加热，这样就可以很好地控制烘箱内的温度。烘箱内部的鼓风机会使烘箱内的空气流动，湿空气流动到加热器上后再流通到烘箱，再由烘箱吸入风机吹到加热管上面，烘箱内的热空气可以实现对潮湿样品的加热，水分也就会被蒸发出来，如此循环，不断地加热。

卤素水分仪法的测定是采用干燥失重的原理，通过加热系统快速加热样品，使试样中的水分在最短的时间内完全蒸发，从而在很短的时间内检测出样品的水含量。在干燥过程中，卤素水分仪持续分析检测并及时显示样品失去的水量，干燥程序完成后，最终测定的水含量值被锁定显示。

②甲苯法的测定原理为：利用与水互不相容的甲苯形成共沸原理，将水分带出并通过冷凝收集，在接收器下层读出水分体积，从而计算出样品中水分含量。

③色谱法利用气相色谱仪测定水分含量，一般使用热导检测器。

④卡尔费休法水分测定的基本原理为：碘将二氧化硫氧化为三氧化硫过程

需要水分的参与，相关化学反应式如图5-2-7所示。反应Ⅰ为可逆反应，为使其向正反应方向进行完全，在卡氏液中加入无水吡啶，使得式Ⅰ反应产物三氧化硫与碘化氢被定量吸收，形成氢碘酸吡啶和硫酸酐吡啶，如式Ⅱ。然而，式Ⅱ反应产物硫酸酐吡啶不稳定，可与水发生副反应，因此加入无水甲醇，形成稳定的甲基硫酸氢吡啶，如式Ⅲ。吡啶和甲醇还可作为反应溶剂。

Ⅰ $SO_2 + I_2 + H_2O \rightleftharpoons SO_3 + 2HI$

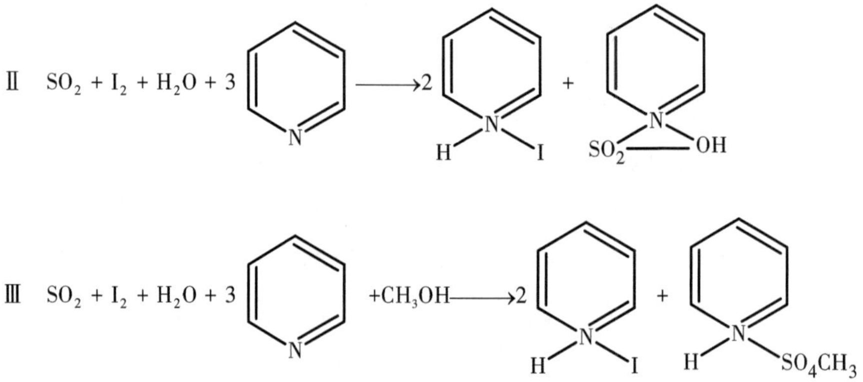

Ⅱ $SO_2 + I_2 + H_2O + 3$ N $\longrightarrow 2$ N H I + N SO_2 OH

Ⅲ $SO_2 + I_2 + H_2O + 3$ N $+ CH_3OH \longrightarrow 2$ N H I + N H SO_4CH_3

图5-2-7 卡尔费休法涉及的相关化学反应式

卡尔费休法水分测定适用于各种形态的样品，可加入适当的萃取溶剂加速水分的释放。一般要求加入的样品要消耗卡氏滴定仪滴定管体积的10%～90%的滴定液，测量结果较为准确。卡氏滴定过程最佳pH范围为5～7，若因强酸强碱性化合物的加入使得滴定液pH发生显著改变，可通过加入缓冲盐改善。若样品与卡氏液中的碘等化合物发生副反应，可通过干燥炉加热间接将水分带入滴定液中，避免样品直接加入滴定液。

这四种方法的区别如表5-2-9所示。

表5-2-9　常见水分测定方法的比较

方法	优点	缺点
干燥法	操作简单、成本廉价	非专属性方法,残留溶剂被算入水分含量中;易挥发物质不适用
甲苯法	设备简单、成本低	操作误差大,精度较差;难以判断终点;甲苯具有一定的毒性;需要样品量较大,可能会发生乳化现象
色谱法	专属性良好,灵敏度和准确度高	对仪器和色谱柱要求高;前处理过程较为烦琐
卡尔费休法	分析快速,单次测定通常在5 min以内,精度高	对环境要求较高,一般要求环境温度为25 ℃,湿度不超过60%;卡氏液含有吡啶等有毒试剂

参考文献

[1] 张治国.塑料挤出成型技术问答[M].北京:印刷工业出版社,2012:14-15.

[2] 吴梦旦.塑料中空吹塑成型设备使用与维修手册[M].北京:机械工艺出版社,2007:56-59.

[3] 胡晨曦,王宇韬,祝桂香,等.无机填料在生物可降解塑料改性的应用进展[J].塑料科技,2022,50(8):83-87.

[4] 郑兆峰,朱润云,路遥,等.农户地膜回收决策影响因素实证研究:基于云南省9个典型农业县的调查数据[J].生态与农村环境学报,2020,36(7):890-896.

[5] 巴银花,单娜娜.农户地膜治理技术影响因素研究[J].农业与技术,2021,41(24):88-90.

[6] 刘彩云,陈衍玲,王景,等.生物降解材料的性能及应用研究进展[J].塑料科技,2022,50(7):81-85.

[7] 薛颖昊,孙占祥,居学海,等.可降解农用地膜的材料研究与应用现状[J].中国塑料,2020,34(5):87-96.

[8] 丁茜,余佳,蒋馨漫,等.生物降解地膜材料的研究进展[J].工程塑料应用,2019,47(12):150-153.

[9] 汪敏,徐磊,严旎娜,等.JAAS全生物降解地膜开发及设施内应用探究

[J]. 农业工程技术,2021,41(22):17-19.

[10] 颜祥禹,潘宏伟,王哲,等.PBAT/PLA/TPS生物降解薄膜的制备及性能研究[J]. 塑料工业,2016,44(10):9-13.

[11] 田银彩,董安旺.PBAT/热塑性玉米淀粉共混改性对结构和力学性能影响[J]. 中国塑料,2020,34(9):33-37.

[12] 严昌荣,何文清,薛颖昊,等.生物降解地膜应用与地膜残留污染防控[J]. 生物工程学报,2016,32(6):748-760.

[13] 冯申,温亮,孙朝阳,等.PGA/PBAT复合材料的性能及应用研究[J]. 中国塑料,2020,34(11):36-40.

[14] 王治洲,李晓芳,宋树鑫,等.PCL对PBAT薄膜气体透过率的影响[J]. 塑料科技,2017,45(11):56-61.

[15] 王莉梅,图布新,于一凡,等.PBAT/PLA共混薄膜的热学、力学及阻透性能[J]. 中国塑料,2019,33(9):41-45.

[16] 武海涛,高卫杰,李伟斌,等.国内氯化聚氯乙烯产业发展现状[J]. 山西化工,2017,5(37):61-65.

[17] 黄东,王红梅,靖志国,等.4-沸石对CPVC性能的影响[J]. 聚氯乙烯,2021,49(6):18-21.

[18] 陈明光,葛瑞祥,曹鸿璋,等.CPVC热稳定剂研究现状与展望[J]. 稀土,2020,41(6):108-116.

[19] 陈财来,熊新阳.不同氯化工艺与氯化聚氯乙烯树脂加工性能之间关系的研究[J]. 中国氯碱,2020,9:26-28.

[20] 朱跃统,俞黎良,施一民.高性能CPVC填料共混料的研制[J]. 中国氯碱,2020,8:10-19.

[21] 孙华丽,陈智勇,黄剑.红外光谱结合X射线荧光光谱分析CPVC管材主要成分[J]. 聚氯乙烯,2020,48(8):22-26.

[22] 李晓轩.氯化聚氯乙烯(PVC-C)管道加工影响因素与质量浅析[J]. 橡塑技术与装备(塑料),2021,47(8):34-37.

[23] 白天祥,于二雷,王贺云.氯乙烯悬浮聚合添加剂对CPVC树脂热稳定性能的影响[J]. 石河子大学学报:自然科学版,2021,39(2):141-147.

[24] 冯俊,王志荣.气固相法CPVC加工性能分析[J].中国氯碱,2021,11:14-16.

[25] 杨晏茏.探讨PVC-C材料在给水管中的应用[J].科技视界,2019,21:37-38.

[26] 马文光,张正柏,杭国培.氯化聚氯乙烯热稳定性研究——Ⅳ.红外光谱法对稳定剂作用的研究[J].高分子学报,1989,6:752-755.

[27] 陈强.PVC无毒辅助热稳定剂β-二酮的合成及应用[J].现代塑料加工应用,1996,9(1):54-56.

[28] 刘鹏,方燕.聚氯乙烯的有机辅助热稳定剂的研究进展[J].广州化学,2013,38(3):78-84.

[29] 郭正波,严海彪,胡启科.水滑石复合热稳定剂在硬质聚氯乙烯中的应用研究[J].中国塑料,2014,28(7):86-90.

[30] 刘伯元.新一代埋地电力护套管氯化聚氯乙烯(PVC-C)螺旋管[J].塑料加工,2006,41(2):6.

[31] 陈秋先.食品检测对食品安全的重要性分析[J].现代食品,2022,14:29.

[32] 何秋菊,徐逍然.浅谈检验数据对化工企业安全生产的影响[J].企业管理,2019,32:86-87.

[33] 尹宏超.检验分析在冶炼厂安全生产中的重要性研究[J].世界有色金属,2021,10:143-144.

[34] 杨德芳.分析仪表仪器计量检测的重要性[J].科技创新导报,2014,2:72.

[35] 汪晓鹏,连钦,贺建梅,等.无机粉体材料改性CPVC高压电力电缆护套管的研究[J].聚氯乙烯,2009,37(7):14-16.

[36] 连锦杰,王宁.探究影响CPVC电缆保护管纵向回缩率的影响因素[J].塑料工业,2021,49(S1):136-138.

[37] 陆建民.热塑性塑料管材纵向回缩率检测探讨[J].工程质量,2020,38(8):75-77.

[38] 丁春娟,王道发.卤素水分仪在PVC树脂生产中的应用[J].聚氯乙烯,2022,50(2):16-28.

[39] 韩景康,刘莹莹.红外水分测定仪在PVC生产中的应用[J].聚氯乙烯,2018,46(1):31-33.

[40] 罗晓霞,陈敏剑,幸荣勇,等.塑料水分含量测定新方法的介绍[J].四川化工,2017,20(5):37-40.

[41] 房海超.卡尔费休法测定润滑油中水分含量[J].中氮肥,2011,6:60-61.

[42] 闫永生,杨旭东,丁辛,等.PVC涂层膜材料老化研究进展[J].合成材料老化与应用,2012,41(2):44-54.

[43] 黄文捷,黄雨林.高分子材料老化试验方法简介[J].研究与开发,2009,9:71-80.

[44] 沈大娲,高峰.合成材料老化试验方法简介[J].中国文物科学研究,2008,3:52-58.

[45] 颜景莲.几种塑料材料的老化试验研究[J].工程塑料应用,2006,34(9):56-59.

[46] 刘冠文,苏仕琼.塑料人工气候老化试验[J].合成材料老化与应用,2007,36(2):35-39.

[47] 孙泽.水相法氯化聚氯乙烯装置自动控制系统的设计与实施[D].上海:华东理工大学,2013.

[48] 王俊程.PVC氯化原位接枝及共混制备木材/PVC胶黏剂、结构与性能[D].青岛,青岛科技大学,2020.

[49] 张文学.一种改善氯化聚氯乙烯树脂加工性能的方法:中国,113683851B[P].2022-10-25.

[50] SELIGRA P G,JARAMILLO M C,FAMÁ L,et al. Biodegradable and non-retrogradable eco-films based on starch-glycerol with citric acid as crosslinking agent[J].Carbohydrate Polymers,2015,138:66-74.

[51] HARRISON J P,BOARDMAN C, O'CALLAGHAN K,et al. Biodegradability standards for carrier bags and plastic films in aquatic environments:a critical review[J].Royal Society Open Science,2018,5(5):171792.

[52] BRIASSOULIS D,DEJEAN C,PICUNO P. Critical review of norms and standards for biodegradable agricultural plastics part Ⅱ:composting[J]. Journal of

Polymers & the Environment, 2010, 18(3): 364-383.

[53] FERREIRA F V, CIVIDANES L S, GOUVEIA R F, et al. An overview on properties and applications of poly (butylene adipate-co-terephthalate) -PBAT based composites [J]. Polymer Engineering and Science, 2019, 59(S2): E7-E15.

[54] YEH J T, TSOU C H, HUANG C Y, et al. Compatible and crystallization properties of poly (lactic acid)/poly (butylene adipate-co-terephthalate) blends[J]. Journal of Applied Polymer Science, 2010, 116(2): 680-687.

[55] ROCHA D B, CARVALHO J S, OLIVEIRA S A, et al. A new approach for flexible PBAT/PLA/$CaCO_3$ films into agriculture[J]. Journal of Applied Polymer Science, 2018, 135(35): 46660

[56] LI J X, LAI L, WU L B, et al. Enhancement of water vapor barrier properties of biodegradable poly (butylene adipate-co-terephthalate) films with highly oriented organomontmorillonite[J]. ACS Sustainable Chemistry & Engineering, 2018, 6 (5): 6654-6662.

[57] REN P G, LIU X H, REN F, et al. Biodegradable graphene oxide nanosheets/poly-(butylene adipate-co-terephthalate) nanocomposite film with enhanced gas and water vapor barrier properties[J]. Polymer Testing, 2017, 58: 173-180.

[58] SMITH J A, SAUNDERS J, KOEHLER P G. Combined effects of termiticides and mechanical stress on chlorinated polyvinyl chloride (CPVC) pipe[J]. Pest Management Science, 2010, 64(2): 147-155.

[59] SAGHIR F, MERAH N, KHAN Z, et al. Modeling the combined effects of temperature and frequency on fatigue crack growth of chlorinated polyvinyl chloride (CPVC)[J]. Journal of Materials Processing Technology, 2005, 164: 1550-1553.

[60] KIM J, LEE J, JO C, et al. Development of low cost carbon fibers based on chlorinated polyvinyl chloride (CPVC) for automotive applications[J]. Materials & Design, 2021(6): 109682.

[61] LUO P, WEN S B, PRAKASHAN K, et al. Physico-mechanical properties of NBR/CPVC blend vulcanizates and foams[J]. Journal of Vinyl & Additive Technol-

ogy,2019, 25(2):182–188.

[62] MERAH N,IRFAN–UL–HAQ M, KHAN Z. Temperature and weld–line effects on mechanical properties of CPVC[J]. Journal of Materials Processing Technology,2003,142(1):247–255.

[63] HASHIMOTO Y,ISHIAKU U S,LEONG Y W,et al. Effect of heat–sealing temperature on the failure criteria of oriented polypropylene/cast polypropylene heat seal[J]. Polymer Engineering & Science,2006,46(2):205–214.